ゲノム編集の基本原理と応用

ZFN, TALEN, CRISPR-Cas9

山本　卓 著

裳 華 房

Basic Principle and Application of Genome Editing
— ZFN, TALEN, CRISPR-Cas9 —

by

TAKASHI YAMAMOTO

SHOKABO

TOKYO

JCOPY 〈㈳出版者著作権管理機構 委託出版物〉

序　文

　ゲノム編集が 21 世紀の最も重要な技術開発の一つであることは，ライフサイエンス研究者の誰もが認めるところである。2012 年の CRISPR-Cas9 の開発によって，ゲノム編集はすべての研究者の技術となり，基礎から応用の幅広い分野におけるゲノム編集研究が競って進められている。2018 年現在においても，Nature や Science といった一流誌にゲノム編集の新しい技術やゲノム編集を利用した研究が次々と発表されており，この勢いがどこまで続くのか筆者も予想できない。正にゲノム編集は，革新的なバイオテクノロジーである。

　ゲノム編集のインパクトの一つは，この技術が微生物から動物や植物まですべての生物に利用可能な点である。筆者自身，ウニの発生メカニズムを研究してきた発生生物学者であるが，この技術（第一世代の ZFN）を使って初めてウニの遺伝子改変を行うことに成功し，ゲノム編集技術の凄さを知った。この技術ができるまで，ウニ胚での標的遺伝子の破壊や外来 DNA のノックインは困難であったが，受精卵にゲノム編集ツールとドナーの蛍光遺伝子を顕微注入すると，48 時間後には目的の遺伝子産物を観察できるようになったのである。その後，国内外の研究者からゲノム編集ツールの作製を依頼され，多くの共同研究の機会を得ることができた。元々はウニの研究に使うためだったが，ゲノム編集技術に出合うことによって，様々な分野の研究者と連携できるようになった幸運に感謝している。

　一方で，ゲノム編集技術のような開発のスピードが速い技術に関して，日本では開発が遅れる傾向にある。次世代シークエンサーの開発に遅れをとった状況と同様に，ゲノム編集の技術開発は米国，欧州，中国や韓国が中心となって研究開発が進展している。しかし，ようやく日本国内においても新しいゲノム編集技術が生まれつつあり，巻き返しを図る多くの成果が期待されているところである。さらなる発展のためには，若い研究者がこの技術を積極的に取り入れ，様々な分野で基礎研究と応用研究を意欲的に進めていくこ

序　文

とが重要である。

　本書は，ライフサイエンスの研究に興味をもつ学部学生を主な対象として
執筆した。ゲノム編集がどのような技術であるのか，その基本原理や遺伝子
改変の具体的な方法について，予備知識がなくとも理解できる内容にまとめ
たつもりである。さらに，農水畜産学や医学など，様々な応用分野のこの技
術の利用例や可能性について記載した。一昨年，刊行された『ゲノム編集入
門』より，全体的に難度を低くし，より多くの読者に興味をもってもらえる
ように配慮したつもりであるが，読み返すと，ゲノム編集技術の部分は，少々
内容が専門的になってしまったことを反省している。

　本書の作成にあたって，執筆が思うように進まない私に辛抱強くつき合っ
て頂いた裳華房編集部の野田昌宏さんと筒井清美さんに深く感謝する。ま
た，ゲノム編集によって筋肉量の増えたタイ，カエル胚での蛍光遺伝子の
ノックインやiPS細胞の写真を快く提供してくださった京都大学の木下政人
氏，広島大学の鈴木賢一氏と宮本達雄氏に感謝申し上げる。また，ゲノム編
集の規制に関する部分に意見を頂いた広島大学の田中伸和氏，本書全体にわ
たって相談に乗って頂いた広島大学の坂本尚昭氏と佐久間哲史氏に深く感謝
する。

　最後に，本書がゲノム編集技術に興味をもっている若い研究者の一助とな
れば，私としては望外の幸せである。

　2018年5月

山本　卓

目　次

1章　ゲノム解析の基礎知識

1.1　ゲノムとは ……………………………………………………………… 1

1.2　ゲノムの機能 …………………………………………………………… 6

2章　ゲノム編集の基本原理：ゲノム編集ツール

2.1　ゲノム編集ツールの開発の歴史 …………………………………… 12

2.2　様々なゲノム編集ツール ……………………………………………… 15

 2.2.1　分子クローニングに利用される制限酵素 ………………… 15

 2.2.2　メガヌクレアーゼ ……………………………………………… 17

 2.2.3　ジンクフィンガーヌクレアーゼ（ZFN） ………………… 18

 2.2.4　ターレン（TALEN：TALE ヌクレアーゼ） ……………… 21

 2.2.5　クリスパー・キャス 9（CRISPR-Cas9） ………………… 25

 2.2.6　ゲノム編集ツールの比較 …………………………………… 31

 2.2.7　Addgene からのゲノム編集ツールの入手 ……………… 32

3章　DNA 二本鎖切断（DSB）の修復経路を利用した遺伝子の改変

3.1　DSB の修復経路 ……………………………………………………… 35

3.2　ゲノム編集による遺伝子ノックアウト …………………………… 38

3.3　ゲノム編集による遺伝子ノックイン ……………………………… 44

v

目 次

4章　哺乳類培養細胞でのゲノム編集

4.1　哺乳類培養細胞での遺伝子ノックアウト　……………………　50

4.2　哺乳類培養細胞での遺伝子ノックイン　………………………　55

4.3　哺乳類培養細胞での一塩基レベルの改変　……………………　59

5章　様々な生物でのゲノム編集

5.1　微生物でのゲノム編集　…………………………………………　65

　5.1.1　微生物へのゲノム編集技術の適用　…………………………　65

　5.1.2　様々な微生物でのゲノム編集　………………………………　66

5.2　動物でのゲノム編集　……………………………………………　70

　5.2.1　ゲノム編集以前の動物改変技術　……………………………　70

　5.2.2　動物でのゲノム編集による遺伝子ノックアウト　…………　73

　5.2.3　動物でのゲノム編集による遺伝子ノックイン　……………　76

5.3　植物でのゲノム編集　……………………………………………　81

　5.3.1　植物でのゲノム編集による遺伝子ノックアウト　…………　81

　5.3.2　植物でのゲノム編集による遺伝子ノックイン　……………　85

6章　ゲノム編集の発展技術

6.1　人工転写調節因子技術　…………………………………………　89

6.2　エピゲノム編集技術　……………………………………………　91

6.3　点変異ゲノム編集技術　…………………………………………　95

6.4　核酸標識技術　……………………………………………………　97

6.5　機能ドメインの集積技術　………………………………………　98

6.6　核酸検出技術　…………………………………………………　100

6.7　ゲノム編集の光制御技術　……………………………………　102

vi

目 次

7章　ゲノム編集の農水畜産分野での利用

7.1　農作物でのゲノム編集による品種改良 …………………… 104

7.2　養殖魚でのゲノム編集による品種改良 …………………… 106

7.3　家畜でのゲノム編集による品種改良 ……………………… 108

8章　ゲノム編集の医学分野での利用

8.1　疾患モデル細胞・動物の作製 ……………………………… 112

　8.1.1　遺伝性疾患モデル ……………………………………… 112

　8.1.2　がんモデル ……………………………………………… 118

　8.1.3　ヒト化動物 ……………………………………………… 121

8.2　ゲノム編集を用いた疾患治療 ……………………………… 122

　8.2.1　遺伝性疾患の体細胞治療 ……………………………… 122

　8.2.2　がんの体細胞治療 ……………………………………… 125

　8.2.3　ウイルスの感染や増殖の抑制 ………………………… 127

　8.2.4　再生医療におけるゲノム編集の利用 ………………… 129

9章　ゲノム編集のオフターゲット作用とモザイク現象

9.1　オフターゲット作用 ………………………………………… 130

9.2　オフターゲット作用の評価法 ……………………………… 132

9.3　オフターゲット作用を低減する技術 ……………………… 135

9.4　導入変異のモザイク現象 …………………………………… 137

vii

目 次

10章 ゲノム編集生物の取扱いと
ヒト生殖細胞・受精卵・胚でのゲノム編集

10.1 ゲノム編集と遺伝子組換え ……………………………………… 140

10.2 ゲノム編集生物の取扱い …………………………………………… 143

10.3 遺伝子ドライブ ……………………………………………………… 145

10.4 ヒト生殖細胞・受精卵・胚でのゲノム編集研究 ………………… 148

略語表 ……………………………………………………………………… 152

参考書・引用文献 ………………………………………………………… 155

索　引 ……………………………………………………………………… 161

実験法

1.1 TILLING 法 ……………………………… 8

2.1 一本鎖アニーリング（SSA）アッセイ 21

3.1 indel 変異の検出法 ……………………… 42

3.2 クロマチン免疫沈降（ChIP）解析 … 49

4.1 電気穿孔法（エレクトロポレーション）52

4.2 デジタル PCR ………………………… 61

5.1 アグロバクテリウム法 ………………… 86

解析法

2.1 CRISPR-Cas9 の設計 ……………… 31

9.1 ウェブツールによるオフターゲット検索 135

コラム

1.1 転移因子（トランスポゾン）……… 9

1.2 RNA 干渉（RNAi）………………… 10

2.1 CRISPR の発見 …………………… 30

2.2 国産ゲノム編集ツール …………… 34

3.1 ミトコンドリア DNA のゲノム編集 · 49

4.1 ゲノム編集に利用するウイルスベクター 53

5.1 バクテリア人工染色体（BAC）…… 80

5.2 花粉へのマイクロインジェクション法 82

5.3 植物における新育種技術（NPBT）·· 87

6.1 ゲノムインプリンティング ……… 92

6.2 免疫グロブリン ………………… 100

8.1 ゲノムワイド関連解析（GWAS）·· 116

8.2 iPS 細胞 ………………………… 117

10.1 カルタヘナ法 …………………… 143

制限酵素名や数字の表記に関して

本書では以下のように表記を統一した。

EcoRI，Fok I，I-SceI などの制限酵素やホーミングエンドヌクレアーゼはイタリック体にせず，
ローマン体とした。F0，F1 世代，G1，G2 期などの数字は添字にせず，正体とした。

viii

1章　ゲノム解析の基礎知識

　ゲノムには，生命の活動に必要なすべての情報が書き込まれている。この情報をもとに発生・分化，成長，成熟，免疫応答や環境応答など様々な生命活動に必要な RNA やタンパク質が作られる。ここでは，ゲノム中に見られる塩基配列の特徴や機能について概要を紹介する。さらに，近年のゲノム解析技術の発展と生命情報学による解析から，ゲノム研究ではどのような新しい分野が進展しているかを紹介し，ゲノムの機能解明の意義について理解する。

1.1　ゲノムとは

　われわれのからだのすべての細胞は，1つの細胞である受精卵から生み出される。ヒト成人の細胞数は，現在約 37 兆個と見積もられており[1-1]，基本的にすべての細胞が受精卵と同じ遺伝情報をもっている。言うまでもなく遺伝情報を担うのは，細胞の核に保存されている**デオキシリボ核酸**（DNA：deoxyribonucleic acid）である。DNA は，デオキシリボヌクレオチドを単位として重合する高分子であり，4 種類の塩基（A，G，C，T）の並び順（塩基配列）が遺伝情報となっている。2 本の DNA は，らせん構造（**二重らせん構造**）をとり，核内ではヒストンなどのタンパク質と結合して，染色体として存在する（図 1.1）。

　ヒトでは，22 種類の常染色体と 2 種類の性染色体（X あるいは Y）があり，各細胞は 23 対の染色体をもっている。男性の細胞では，22 対の常染色体と X 染色体と Y 染色体を 1 本ずつ，女性の細胞では 22 対の常染色体と X

1

1章 ゲノム解析の基礎知識

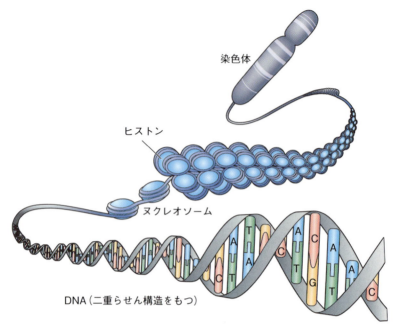

図1.1　DNAの二重らせん構造とヌクレオソーム，染色体

染色体を2本もっている。22本の常染色体と2本の性染色体には約31億の塩基配列が情報として含まれ，この情報の全体（あるいは総体）を「**ゲノム**」（genome）とよんでいる。ゲノムは，**遺伝子**（gene）と**染色体**（chromosome）から作られた造語である。ゲノムには，からだを作る情報やからだを維持する情報など生命活動に必要なすべての情報が含まれ，受精卵から始まる細胞周期において複製されて分配される。ゲノムのサイズは生物種によって大きく異なり，大腸菌ゲノムには約470万塩基対，キイロショウジョウバエゲノムには1億8千万塩基対，メダカゲノムには約8億塩基対の配列情報が含まれている。

　ゲノムは，タンパク質の情報をもつ部分（**コード領域**）とタンパク質の情報をもたない部分（**非コード領域**）に大きく分けられる。一般に，真核生物の遺伝子は，複数のエキソンとイントロンからなり，エキソンがコード領域となっている（図1.2）。エキソンとイントロンの領域は，核内でmRNAに

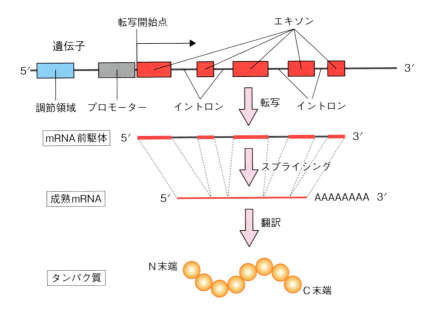

図 1.2　真核細胞の遺伝子の転写と翻訳
　真核細胞の遺伝子は，複数のエキソン（赤いボックス）とイントロンからなる。プロモーター（灰色のボックス）に転写開始に必要なタンパク質の複合体が形成され，転写開始点から mRNA が合成される。転写量は上流域の調節領域に結合するタンパク質によって調節される。mRNA はエキソンとイントロン部分を含んだ mRNA 前駆体として転写され，スプライシングによってイントロンが除去される。成熟した mRNA は核から細胞質へ輸送され，リボソーム上でタンパク質に翻訳される。

転写され，スプライシングによってコード領域からなる成熟 mRNA に加工される。その後，細胞質へ輸送された成熟 mRNA が，リボソーム上でタンパク質に翻訳される。2003 年にヒトゲノム解読が終了し，現在までの解析から，ヒトゲノム中には約 2 万個の遺伝子が散在し，コード領域はゲノム全体の約 1.5％ を占めることが明らかにされている (図 1.3)。

　ゲノム中の遺伝子は，すべての細胞で発現している訳ではなく，必要な時期に必要な細胞種で，必要な遺伝子セットが発現する。そのため細胞の状態を知るためには，細胞種に特有の遺伝子発現を mRNA やタンパク質のレベルで調べることが重要となる。例えば，発生過程に発現する mRNA は，

図 1.3　ヒトゲノムの構成

イクロアレイやマイクロチップ，RNA シークエンシング（RNA-seq）によって網羅的に解析可能である。これらの方法で，特異的に発現する遺伝子セットを調べ，遺伝子機能を解明する分野は**ゲノミクス**とよばれている。

　真核生物ゲノムにおいてはコード領域の占める割合は予想外に低く，多くは繰り返し配列を含む非コード領域である（図 1.3）。特に，哺乳類ゲノムに占める繰り返し配列の割合は高く，**短鎖散在反復配列**（SINE：short interspersed nuclear element）や**長鎖散在反復配列**（LINE：long interspersed nuclear element）とよばれる繰り返し配列が全体の 3 分の 1 から 2 分の 1 を占めることが知られている[1-2]。LINE や SINE の働きについては明確にはなっていないが，最近の研究で，進化の過程で遺伝子の転写調節を変化させるために働いた可能性が示されている。また，非コード領域から**マイクロ RNA**（miRNA：microRNA）のような小分子 RNA が転写され，細胞内で遺伝子の発現制御を行うことが近年明らかとなり，注目されている。これら小分子 RNA 遺伝子は，様々な生物のゲノム中に 3 万 5 千種類以上発見され，発生などの生命現象において重要な働きをしている[1-3]。このように，非コード領域には未だ明らかにされていない機能が多く残っていると予想され，新たな発見も期待できる。

　近年，DNA の塩基配列を大量かつ高速に解析する技術が開発され，これまで着手できなかった様々な生物種のゲノム解読が進められている。この技術の基盤となるのは，**次世代シークエンサー**（NGS：next generation sequencer）とよばれる装置である（図 1.4）。ヒトゲノム計画では，サンガー法でのシークエンスによって全解読に 10 年以上の時間を要したが，現

在 NGS を使えば数日でヒトゲノムのデータ取得が可能な技術レベルとなっている。得られた大量の配列データの解析には，**生命情報学（バイオインフォマティクス）**の手法が駆使され，遺伝子やタンパク質の構造予測や相同性検索などを瞬時に行うことが可能である。さらに，NGS を使うことによって，様々な生物種のゲノムを比較し，進化のメカニズムを解明する研究分野（**比較ゲノミクス**）も生まれている。基礎研究

図 1.4 次世代シークエンサー（NGS）
（広島大学 原爆放射線医科学研究所）

でのゲノム解析に加えて，NGS は疾患研究のための個人のゲノム解析に利用されている。ゲノム情報をもとにした疾患の診断や治療を目指す「**ゲノム医療**」が進められつつあり，NGS によるゲノム解析はより身近なものになりつつある。

　NGS による塩基配列の解析は，ゲノム編集を含む遺伝子改変を行うためにも不可欠な技術となっている。ゲノム編集は，標的の遺伝子を改変する技術であり，塩基配列の正確な情報がなければ実施は困難である。また，類似する塩基配列が存在するかどうかの情報がなければ，予想しない箇所を改変してしまう可能性も考えられる。そのため，ゲノム編集によって改変したい生物のゲノム情報の解読は，正確な改変のために必須である

1.2 ゲノムの機能

　生命現象を明らかにするためには，ゲノム中の個々の遺伝子の機能を調べることが重要である．一般に，遺伝子のコード領域に**欠失**や**挿入**などの**変異**が入ると，正常なタンパク質が合成されなくなり，多くの場合，遺伝子の機能が失われる．

　遺伝学の分野では，遺伝子の機能が失われた興味ある表現形質を示す変異個体を単離し，その機能欠失の原因となる遺伝子の染色体上での位置を決め，原因遺伝子をクローニングする方法が主に使われている．この方法は，**順遺伝学**（forward genetics）**的手法**とよばれる（図 1.5）．一方，ゲノムの情報から機能が未知で興味のある遺伝子を解析するために，その遺伝子に変異導入した個体を作製して，その表現型から機能を推測する方法が利用される．この方法は，順遺伝学とは逆の流れであることから，**逆遺伝学**（reverse genetics）**的手法**とよばれる（図 1.5）．これらの遺伝学的手法を利用するためには，細胞や微生物であれば培養技術，動植物であれば飼育，栽培，交配の方法の確立が必要とされる．加えて，遺伝子の機能解析を行うためのゲノム情報と遺伝子の改変技術が必須となる．

　目的の遺伝子に変異を導入した個体を得る順遺伝学的手法としては，これまで対象生物を **X 線**や**変異原化学物質**（例えば ENU：*N*-ethyl-*N*-

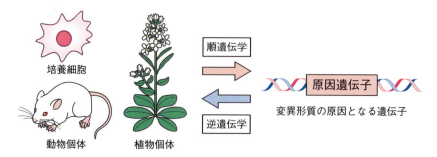

図 1.5　順遺伝学と逆遺伝学

nitrosourea）に暴露することによって，複数箇所へ同時に変異を導入する方法が用いられてきた。X線では染色体の大きな欠失が，ENUでは点突然変異が生じる。これらの方法は，**ランダム変異導入（ランダムミュータジェネシス）** とよばれ，網羅的に遺伝子へ変異を導入することが可能である。しかしながら，狙って変異を導入する訳ではないため，目的の遺伝子に変異の入った個体を選択し，それ以外の変異を交配によって除くための膨大な作業が必要となる（図1.6）。近年では，変異導入された個体を効率的に選択する **TILLING**（targeting induced local lesions in genomes）**法** [1-4] が開発されている（実験法1.1）。バイオリソースとして整備されている生物種であれば，変異が導入された種子や精子を入手することも可能である。

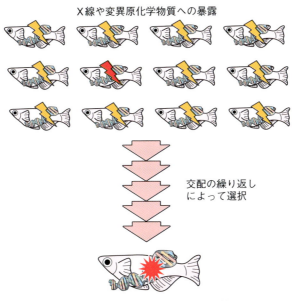

図1.6 ランダムミュータジェネシスによる変異体の作製
X線や変異原化学物質への暴露によって，ゲノムDNAには欠失や塩基置換などの変異が複数の箇所へ導入される。これらの個体から目的の遺伝子へ変異が導入された個体を得るためには，交配を繰り返す必要がある。

1章　ゲノム解析の基礎知識

実験法 1.1　TILLING 法

　目的遺伝子の突然変異体を得るため，研究では変異原を用いたランダムミュータジェネシスによって，すべての遺伝子へ変異を導入（飽和変異導入）した集団を作製する。TILLING 法は，この飽和変異導入を行った集団から，目的の遺伝子に変異の入った突然変異体を PCR およびシークエンス解析によって選択する方法である。イネなどの植物や，メダカ，マウスなど動物のモデル生物において，突然変異体のスクリーニング法として利用されている。

　ランダムミュータジェネシスに加えて，**転移因子（トランスポゾン）**の挿入によって遺伝子を分断し，遺伝子の機能を喪失させる方法が利用されている（コラム 1.1）。この方法では，個々の遺伝子にトランスポゾンが挿入された変異体を網羅的に作製することができる。ショウジョウバエやシロイヌナズナであれば，リソースバンクから目的遺伝子の変異体を入手することも可能である。この方法は，変異個体を作製する生物種で，利用可能なトランスポゾンが存在することが前提である。また，大量の変異体作製を小規模の研究室で実施することは，現実的には不可能である。

　目的の遺伝子の機能を解析する逆遺伝学的手法としては，遺伝子のコード領域と外来遺伝子を置き換えて破壊する**遺伝子ターゲティング法**が使われてきた。この方法は，**DNA 二本鎖切断**（DSB：double-strand break）の修復経路の１つである**相同組換え**（HR：homologous recombination）**修復**を利用した方法で，外来遺伝子（薬剤耐性遺伝子など）を挿入し，目的の遺伝子のみを破壊（ノックアウト）した細胞や個体を選択する（4 章 2 節を参照）。遺伝子ターゲティング法は，正確な改変が可能なことから，多くの研究者が自分の研究対象とする生物に利用したい方法であるが，実際は大腸菌，パン酵母，ヒメツリガネゴケやマウス ES（embryonic stem）**細胞**など，限られた生物種での利用にとどまっている。ショウジョウバエでは生殖細胞を用いた遺伝子ターゲティング法は確立されているものの，難度の高い技術である。このように遺伝子ターゲティングが難しい理由としては，多くの生物種でのHR 修復活性が低く，変異体を選択することが困難なことが挙げられる。

8

コラム 1.1　転移因子（トランスポゾン）

　転移因子は，DNA 型トランスポゾンとレトロトランスポゾンに分類される（図 1.7）。

　DNA 型トランスポゾンは，転移酵素（トランスポザーゼ）によって，ある領域から別の領域へ DNA として移動する性質をもっている。ショウジョウバエの P 因子や，蛾から発見された *piggyBac* [1-5] が有名である。脊椎動物のほとんどの DNA 型トランスポゾンは不活性化されているが，メダカで現在も動いている Tol2 とよばれる DNA 型トランスポゾンが初めて発見された。Sleeping Beauty [1-6] は，硬骨魚のトランスポゾンの不活性化配列から人工的に合成した DNA 型トランスポゾンである。これらの DNA 型トランスポゾンは，様々な生物の遺伝子改変に利用されている。

　一方，レトロトランスポゾンは，RNA へ逆転写され，RNA から作られる DNA が別の場所へ挿入される。このとき，コピーが作られてゲノム中に挿入されることが知られている。繰り返し配列の SINE や LINE はレトロトランスポゾンに含まれ，LINE の一部は現在もヒトゲノム中を移動する可能性が示唆されている [1-7]。

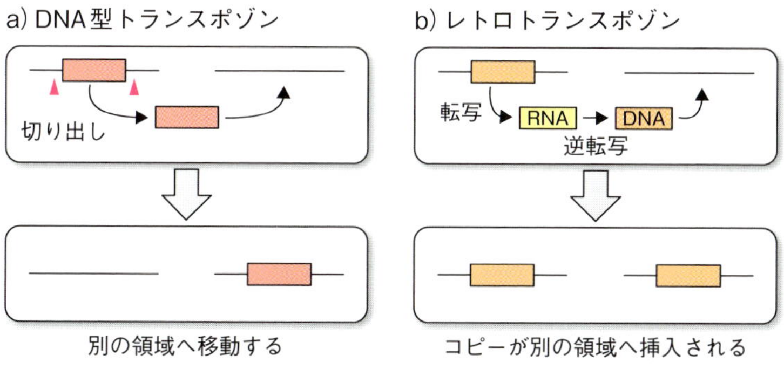

a) DNA 型トランスポゾン　　　　b) レトロトランスポゾン

切り出し

別の領域へ移動する

転写　→　RNA　→　DNA
　　　　　　逆転写

コピーが別の領域へ挿入される

図 1.7　トランスポゾンの分類
　a) DNA 型トランスポゾンは，切り出された後に染色体の別の領域へ移動する。b) レトロトランスポゾンは，転写された RNA から逆転写された DNA が別の領域へ挿入されるので，コピー数が増えていく。

1章　ゲノム解析の基礎知識

　ゲノムの機能を解析するという意味では，コード領域に加え，非コード領域の解析が重要である。上述のように真核生物ゲノムでは非コード領域の占める割合が高く，そこには解明されていない未知の機能があると予想される。非コード領域の改変は基本的にはコード領域と同様に機能解析が可能であるが，非コード領域には繰り返し配列などの特殊な配列が多く，遺伝子ターゲティング法が可能な生物種においても改変の難度はより高い。そのため，発現調節領域のような非コード領域の機能解析は予想以上に進んでいないのが現状である。

　ランダムミュータジェネシスや遺伝子ターゲティングが可能な生物種が研究の中心となってきたが，これらの技術が使えない生物種でも複数の機能解析法によって研究が進められてきた。最も良く利用される方法は，**遺伝子ノックダウン法**で，この方法では遺伝子そのものを改変することなく，転写された mRNA の分解や翻訳の抑制によってタンパク質の発現を抑制する。

コラム 1.2　RNA 干渉（RNAi）

　RNA 干渉（RNAi）は，標的 mRNA と相補的な塩基配列を有する siRNA（small interfering RNA）とよばれる短鎖の二本鎖 RNA（dsRNA：double-strand RNA）（20 数塩基程度）の導入や，小分子 RNA（*miRNA*）遺伝子から転写された内在の miRNA（micro RNA：マイクロ RNA）から作り出される dsRNA によって，標的 mRNA の発現が抑制される現象である（図 1.8）[1-8]。

　これらの dsRNA のアンチセンス鎖 RNA は **RNA 誘導サイレンシング複合体**（RISC：RNA-induced silencing complex）と複合体を形成し，標的 mRNA を切断する。また，長い dsRNA を導入すると，Dicer タンパク質によって siRNA が作られ，RNAi が誘導される。哺乳動物では，RNAi は生体内の感染防御やレトロトランスポゾンの抑制に働くことが知られている。哺乳類培養細胞や多くの動植物で，この RNAi による遺伝子機能解析が可能であるが，この技術が利用できない動物種（カイコ，ウニなど）も知られている。

　ファイアー（Andrew Fire）とメロー（Craig Mello）は RNAi 発見の功績によって，2006 年ノーベル生理学・医学賞を受賞した。

1.2 ゲノムの機能

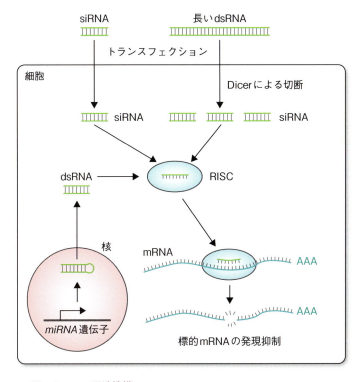

図 1.8　RNA 干渉機構
RNA 干渉（RNAi）は，内在の mRNA の発現を抑制するために利用される。長い二本鎖 RNA（dsRNA）や siRNA を導入することによって，RNAi を誘導することができる。長い dsRNA は，細胞内で Dicer などのタンパク質によって断片化され，siRNA となる。siRNA は RISC と複合体を形成し，アンチセンス RNA 鎖を利用して標的 RNA の分解や翻訳抑制によって発現を抑制する。

遺伝子を破壊してしまうノックアウトに対して，完全に発現を止めることができないことから，ノックダウンとよばれている。**RNA 干渉（RNAi：RNA interference）（コラム 1.2）**の他，**アンチセンス RNA やモルフォリノアンチセンスオリゴ**（MASO：morpholino antisense oligo）の受精卵への導入が，遺伝子ノックダウン法として様々な生物に利用されてきた。

2章 ゲノム編集の基本原理：ゲノム編集ツール

ゲノム編集は，人工 DNA 切断酵素（ゲノム編集ツール）によって細胞内で目的の遺伝子を特異的に切断し，切断された DNA の修復過程を利用して遺伝子を改変する技術である。ゲノム編集ツールのほとんどは，細菌が防御機構，獲得免疫機構や，宿主遺伝子の発現制御のために巧妙に進化させてきたシステムを利用して開発されたものである。ゲノム編集ツールは，人工制限酵素（人工ヌクレアーゼ）と RNA 誘導型ヌクレアーゼに大きく分類される（図 2.1）。ここでは，それぞれのゲノム編集ツールの開発の歴史，基本構造や切断様式について詳しく紹介する。

2.1　ゲノム編集ツールの開発の歴史

ゲノム編集は，基盤となるゲノム編集ツールの開発と共にその技術開発が進められてきた。細胞中で特異的に遺伝子を切断できれば，細胞の DNA 二本鎖切断（DSB : double-strand break）修復機構を利用した遺伝子改変が可能になることに多くの研究者は気づいていたが，狙って切断する酵素をどうやって作るかが大きな課題であった。**トランスポゾンやウイルス由来のインテグラーゼ**による遺伝子改変技術の開発は進んできたものの，任意の配列に対して DNA を切断し自由に改変できる技術については，ほとんど報告はなかった。そのため，標的配列の選択の自由度や改変の正確性を第一に考えると，相同組換え（HR : homologous recombination）を利用した方法に頼るしかなく，大腸菌や酵母，マウス ES 細胞の遺伝子ターゲティングが大きく注目されてきた。

a) 人工制限酵素（人工ヌクレアーゼ）　　b) RNA 誘導型ヌクレアーゼ

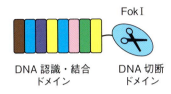
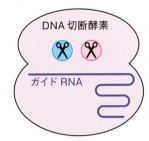

図 2.1　2 つのゲノム編集ツール
ゲノム編集ツールは，DNA 認識・結合ドメインと DNA 切断ドメインから構成される人工制限酵素（人工ヌクレアーゼ）と，ガイド RNA とよばれる短鎖 RNA と DNA 切断酵素の複合体として働く RNA 誘導型ヌクレアーゼがある。

このような状況で，1996 年に第一世代の人工制限酵素として**ジンクフィンガーヌクレアーゼ**（**ZFN**：zinc-finger nuclease）が開発された[2-1]（図 2.4 参照）。21 世紀に入り，多くの研究者が ZFN による培養細胞や生物個体での遺伝子改変に着手した。2002 年にショウジョウバエでの遺伝子改変が報告されたのをはじめ[2-2]，ZFN による生物個体での変異導入や**遺伝子ノックイン**が報告された。しかし，実際に任意の配列に対して使えるようになるまでには 10 年以上を要した。ZFN の受託作製で入手は可能であったが，残念なことに作製費用が高額であり，研究資金の豊富な研究室しか使うことができなかった。ZFN を独自に作ることが難しかったこともあり，ZFN を利用したゲノム編集研究は国内外で大きな広がりを見せることはなかった。

ZFN を使った遺伝子改変が国内でも可能になった頃，大きな変化が訪れた。2009 年，独国マルチン・ルター大学のボッホ（Jens Boch）らは，植物病原細菌の**転写活性化因子様エフェクター**（**TALE**：transcription activator-like effector）が単純な繰り返し構造をもち，1 リピートが DNA の一塩基を特異的に認識・結合することを明らかにした[2-3]。そして翌年，この TALE を使った第二世代のゲノム編集ツールとして **TALE ヌクレアーゼ**（**TALEN**：transcription activator-like effector nuclease）が発表された[2-4]（図 2.7 参照）。ZFN で苦労してきた研究経験を生かし，TALEN の開発は予想以上のスピー

ドで進んだ。効率的な TALEN 作製法が 2011 年に発表され，その後，短期間のうちに複数の TALEN 作製法が立て続けに報告され，多くの研究者が驚かされた。ZFN の作製に時間を費やしてきた筆者もこの状況を受けて，2012 年から TALEN を適用する開発へと転換し，高活性の国産 TALEN（プラチナ TALEN；Platinum TALEN）の開発に着手した[2-5]。その結果，2013年から，国内においても TALEN を使った微生物から動物や植物での遺伝子改変が次々に報告された。筆者らがゲノム編集コンソーシアムを立ち上げ，国内でのプラチナ TALEN 作製支援を開始したのもちょうどこの頃である。しかしこの時にはすでに次の大きな波が来ていることに国内研究者はまったく気づいていなかった。

　2012 年の夏，米国のダウドナ（Jennifer Doudna）と仏国のシャルパンティエ（Emmanuelle Charpentier）のグループは，細菌の**獲得免疫機構**として研究されていた**CRISPR-Cas9**（clustered regularly interspaced short palindromic repeats-CRISPR associated protein 9）がゲノム編集ツールとして利用できることを Science 誌に発表した[2-6]（図 2.9 参照）。これまでのタンパク質で DNA を認識・結合する人工ヌクレアーゼから，RNA で標的 DNA をターゲットとする第三世代のツールへの大きな転換期が訪れた。

　しかし，発表当初，CRISPR-Cas9 の RNA による標的認識機構から優れたツールであることは理解できたが，CRISPR-Cas9 へ移行するべきかどうか国内では様子を見る状態がしばらく続いた。この日本国内での停滞した状況に対して，海外では CRISPR-Cas9 を使ったゲノム編集研究が水面下で進められ，複数のグループから特許出願が行われていたことが後々明らかになる。残念なことに，国内研究者はこれらの動きに遅れをとり，CRISPR-Cas9 についての基盤ツール開発が進めることができなったのである。

　そして 2013 年初め，海外の複数のグループから真核細胞でのゲノム編集に CRISPR-Cas9 が有効であることが発表され，新しい大きな流れが来たことに気づかされることになる[2-7, 8]。その後，CRISPR-Cas9 を用いたゲノム編集は，簡便性と改変効率の高さから一気に広がりを見せ，今では毎日のように CRISPR-Cas9 に関連する論文が発表されている（図 2.2）。

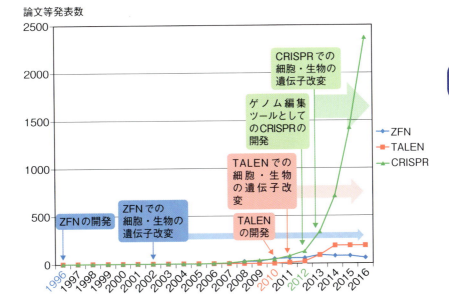

図 2.2 ゲノム編集研究（ZFN, TALEN, CRISPR）に関連する論文数の変化
ZFN は 1996 年に開発され，2002 年以降に変異細胞・個体が報告された。TALEN は 2010 年に開発され，翌年に遺伝子改変への利用が報告された。CRISPR-Cas9 は 2012 年に開発され，2013 年以降に様々な細胞や生物において利用が急速に進められた。2015 年以降は毎年 1000 報以上の論文が報告されている。PubMed（パブメド）で検索可能な原著論文に加えて，総説や実験法の論文も含まれる。

単に遺伝子ノックアウトにとどまらない CRISPR-Cas9 技術は，現在もさらなる発展を見せている。国内においては，2016 年，筆者を中心として**日本ゲノム編集学会**を設立し，ゲノム編集研究の最新の情報共有や産業利用についての議論を進めている。

2.2 様々なゲノム編集ツール

2.2.1 分子クローニングに利用される制限酵素

DNA を切断する酵素は，隣接するヌクレオチドをつなぐリン酸エステル結合（ホスホジエステル結合）を加水分解する。DNA を特定の部位で切断

2章　ゲノム編集の基本原理：ゲノム編集ツール

する酵素としては，細菌のもつ制限酵素が有名である。**制限酵素**は，細菌に感染するウイルス（バクテリオファージ：以下ファージとする）のDNAを切断することによって，増殖を抑える（制限する）ことからその名前が付けられた。細菌由来の制限酵素は，I型からIV型の4種類に分類されるが，分子クローニング技術の「**はさみ**」として利用されるのはII型制限酵素である。これまでに300種類以上のII型制限酵素が単離されている。II型制限酵素の多くは二量体を形成し，4〜6塩基の短い認識配列の内部あるいは近傍の配列を切断する（図2.3）。II型制限酵素の認識配列のほとんどは，**回文配列（パリンドローム）**であるが，非回文配列を認識・結合する酵素も存在する。大腸菌の制限酵素EcoRIは，5′-GAATTC-3′の塩基配列を切断する（図2.3a）。

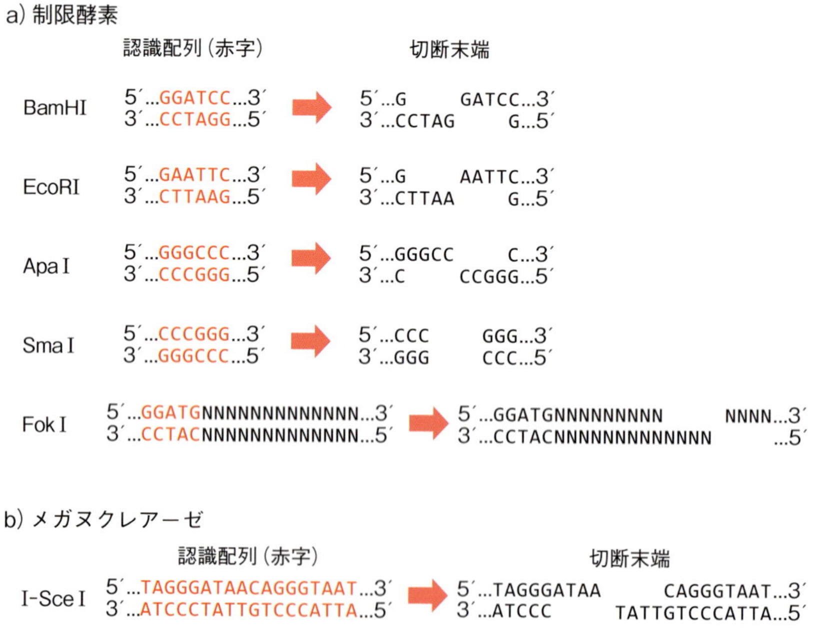

a) 制限酵素

	認識配列（赤字）		切断末端
BamHI	5′...GGATCC...3′ 3′...CCTAGG...5′	➡	5′...G GATCC...3′ 3′...CCTAG G...5′
EcoRI	5′...GAATTC...3′ 3′...CTTAAG...5′	➡	5′...G AATTC...3′ 3′...CTTAA G...5′
ApaI	5′...GGGCCC...3′ 3′...CCCGGG...5′	➡	5′...GGGCC C...3′ 3′...C CCGGG...5′
SmaI	5′...CCCGGG...3′ 3′...GGGCCC...5′	➡	5′...CCC GGG...3′ 3′...GGG CCC...5′
FokI	5′...GGATGNNNNNNNNNNNNN...3′ 3′...CCTACNNNNNNNNNNNNN...5′	➡	5′...GGATGNNNNNNNNN NNNN...3′ 3′...CCTACNNNNNNNNNNNNN ...5′

b) メガヌクレアーゼ

	認識配列（赤字）		切断末端
I-SceI	5′...TAGGGATAACAGGGTAAT...3′ 3′...ATCCCTATTGTCCCATTA...5′	➡	5′...TAGGGATAA CAGGGTAAT...3′ 3′...ATCCC TATTGTCCCATTA...5′

図2.3　制限酵素とメガヌクレアーゼの切断末端

a) II型制限酵素の認識配列のほとんどは回文配列となっており，認識配列内を切断する。BamHI，EcoRI，ApaIの切断末端形状は突出末端，SmaIの形状は平滑である。IIS型のFokIでは，認識配列は非回文配列であり，認識配列と切断部位が異なる。

b) メガヌクレアーゼの認識配列は長く，I-SceIでは18塩基対を認識・結合して切断する。

EcoRI の切断部位は，理論上，$4^6 = 4096$ 塩基対に 1 か所の頻度で出現するので，ゲノムサイズの大きい生物種のゲノム DNA を EcoRI で切断すると，バラバラになってしまう。これに対して，ゲノム編集では長い配列（合計 18 塩基以上）を認識・結合するゲノム編集ツールを利用し，ゲノム中の特定の箇所のみを切断する。

制限酵素によって切断された DNA 末端の形状は，酵素の種類によって異なる。2 本の鎖が同じ位置で切断された末端は平滑末端とよばれ，3′ 側あるいは 5′ 側が飛び出した形状に切断された末端は突出末端とよばれる（図2.3）。

2.2.2 メガヌクレアーゼ

制限酵素が短い塩基配列を認識・結合するのに対して，長い塩基配列を認識・結合する DNA 切断酵素として**メガヌクレアーゼ**（meganuclease）が知られている。メガヌクレアーゼは単量体で働くタイプと二量体として働くタイプがあり，15 ～ 40 塩基長の塩基配列を認識して切断する。認識配列がパリンドロームとなっておらず，多くのメガヌクレアーゼの切断末端は，**突出**となっている。イントロン中にコードされるタイプのメガヌクレアーゼは，自身の相同遺伝子を切断し，相同組換えによって自分のコピーを相同遺伝子中にイントロンとして挿入することから**ホーミングエンドヌクレアーゼ**ともよばれている。例えば，I-Sce I は出芽酵母のメガヌクレアーゼであり，その遺伝子はイントロン内にコードされている[2-9]。I-Sce I の認識配列は 18 塩基と長いが，認識の厳密性は低く，一塩基程度の違いであれば切断してしまう（図 2.3b）。I-Sce I は，その特異性は高くないものの，ゲノム DNA に数少ない切断を導入することから，ランダムな遺伝子挿入の効率を上昇させる技術に利用されている。

これまで既存のメガヌクレアーゼのアミノ酸改変によって，類似の塩基配列を認識・結合する改良型メガヌクレアーゼが開発されてきた[2-10]。しかしながら，メガヌクレアーゼの DNA 認識・結合ドメインと DNA 切断ドメインは一体化しているため，改変には限界があり，任意の標的配列に対してメ

2章 ゲノム編集の基本原理：ゲノム編集ツール

ガヌクレアーゼを作製することが困難であった。

2.2.3 ジンクフィンガーヌクレアーゼ（ZFN）

ジンクフィンガーヌクレアーゼ（**ZFN**）は，DNA 認識・結合ドメインの**ジンクフィンガーの連結体（アレイ）**と DNA 切断ドメインの **FokⅠ**を連結したゲノム編集ツールである．制限酵素と基本構造が同じであることから，ZFN は**人工制限酵素（人工ヌクレアーゼ）**ともよばれる．任意の塩基配列に対して使えるようになった第一世代のゲノム編集ツールが，この ZFN である．ZFN は，1996 年に報告されて以来，培養細胞や様々な生物種においてゲノム編集が成功し，現在でも遺伝子治療などに利用されている[2-11]．

ZFN に利用されるジンクフィンガーは **C2H2 型**のジンクフィンガーであり，真核生物では転写因子の DNA 認識・結合ドメインとして利用している（図 2.4）．C2H2 型ジンクフィンガーは，2 つのβシートと 1 つのαヘリックスが，2 つのシステインと 2 つのヒスチジンを利用して，**亜鉛イオン**と結合した構造である．1 つのジンクフィンガーは，基本的に 5´-GNN-3´ の 3 塩基を認識して結合する特徴をもつため，標的を自由に選ぶことは難しい．

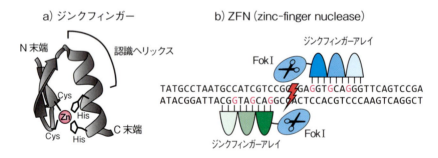

図 2.4　ZFN の基本構造

a) ZFN で利用される C2H2 型のジンクフィンガーは，2 つのβシートと 1 つのαヘリックスからなる．認識ヘリックスの部分で特異的な塩基を認識・結合する．
b) ZFN は，DNA 認識・結合ドメインのジンクフィンガーに DNA 切断ドメインの FokⅠを連結した人工制限酵素である．ジンクフィンガーの連結体はジンクフィンガーアレイとよばれる．ZFN は一組で働き，FokⅠの部分が二量体を形成して，二本鎖 DNA 切断（DSB）を誘導する．

ZFN に使われる 3 ～ 6 個のジンクフィンガーアレイは，9 ～ 18 塩基に結合する。ZFN の切断ドメインには，*Flavobacterium okeanokoites* 由来の II S 型制限酵素 Fok I の DNA 切断ドメイン（以下 **Fok I 切断ドメイン**とする）が利用される。制限酵素の多くは，DNA 認識・結合ドメインと DNA 切断ドメインを分離することが難しいが，Fok I は認識配列と切断配列が異なり（図 2.3a），切断ドメインは DNA の認識や結合には関係しないと考えられている。この理由から，ゲノム編集ツールの DNA 切断ドメインとして，長年 Fok I 切断ドメインが使われてきた。ZFN は，ジンクフィンガーアレイの C 末側に Fok I 切断ドメインが連結された構造であるが，核に移動して標的遺伝子を切断させるために，N 末端に**核局在化シグナル**（**NLS**：nuclear localization signal）（核移行シグナルともよばれる）が付加されている。

ほとんどの II 型制限酵素と同様に，ZFN は二量体となって DNA を切断する。ジンクフィンガーアレイの部分が標的の塩基配列に結合すると，Fok I 切断ドメインが二量体を形成し，2 つの認識配列の間の領域（スペーサー）に DNA 二本鎖が導入される。このとき重要なのは，2 つの ZFN が最適なスペーサー長で結合した場合のみ DNA 切断が起きるという点である。近すぎても，遠すぎても Fok I 切断ドメインは二量体を形成することができず，DNA の切断は起きない。制限酵素 Fok I の切断末端形状は突出末端であるので，ZFN の切断末端も基本的に 5′ 突出末端となる。一組の 3 フィンガー ZFN を利用すると，18 塩基の特異的配列を認識・結合させることができ，この配列は約 680 億塩基に 1 か所しか出現しない確率である。

ZFN は，開発当初からゲノム編集ツールとして注目されてきたが，現在までその利用は広がっていない。その理由としては，開発当初，企業での ZFN 受託作製が高額であったことや，研究者が独自に ZFN を作製するのが難しかったことが挙げられる。ZFN の作製過程は難しく，ジンクフィンガーアレイの DNA への結合が複雑なため，作製した ZFN が必ずしも高い活性を有するとは限らない。ジンクフィンガーの結合は，隣接するジンクフィンガーの影響を受ける。例えば，あるジンクフィンガーアレイで 5′-GAA-3′ に結合していたジンクフィンガーが，別のジンクフィンガーアレイ中ではこ

2章 ゲノム編集の基本原理：ゲノム編集ツール

の配列に結合できなくなる。この現象を，**文脈依存性（コンテクスト依存性）**とよんでいる。そのため，DNAに結合するジンクフィンガーアレイを網羅的に作製しスクリーニングによって特異的に結合するアレイを選択し，その後FokI切断ドメインと連結することによって高い活性をもつZFNを作製する。

研究者がZFNを独自に作製する方法として，複数の方法がこれまでに報

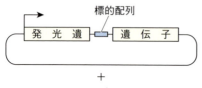

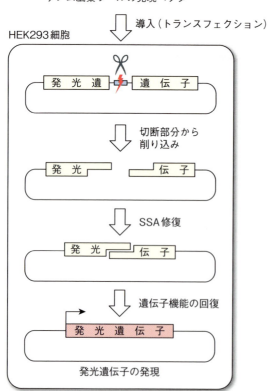

図2.5 一本鎖アニーリング（SSA）アッセイの原理

ゲノム編集ツールの切断活性を培養細胞で評価する方法である。作製したゲノム編集ツールの標的配列を挿入したレポーターベクター（この図では発光遺伝子が標的配列で分断されており不活性状態）をHEK293細胞へ導入（トランスフェクション）する。ゲノム編集ツールの発現によって，レポーターベクターへDNA二本鎖切断（DSB）が導入されると，一本鎖アニーリング（SSA）修復によってレポーター遺伝子が修復される。レポーター活性を指標として，ゲノム編集ツールの切断活性を見積もることが可能で，ZFN, TALEN, CRISPR-Cas9など様々なゲノム編集ツールの評価に利用できる。

告されている。筆者らは、大腸菌の**ワンハイブリッド法**を利用した方法によって複数の ZFN を作製し、ヒト培養細胞を用いた**一本鎖アニーリング（SSA：single-strand annealing）アッセイ**（図 2.5）によって高い活性の ZFN を選択してきた[2-12]。しかしながら、この方法でも、依然として作製には 1 ～ 2 か月の期間を必要とし、成功率も高いとは言い難い（成功率は 10 ～ 20% 程度）。この他、結合配列が既知のジンクフィンガーを組み合わせることによって、目的の塩基配列に結合する ZFN を作製する方法（**モジュラーアセンブリー法**）[2-13] によっても、ZFN の作製は可能である。この方法は、簡便であり基本的な分子生物学的手法を身につけた研究者であれば利用可能であるが、活性の高い ZFN 作製の成功率が低く、標的配列も自由に選ぶことは難しい。

実験法 2.1　一本鎖アニーリング（SSA）アッセイ

ゲノム編集ツールの DNA 切断活性を評価する方法（図 2.5）。標的配列を挿入したレポーター遺伝子（発光遺伝子や蛍光遺伝子）の発現ベクターとゲノム編集ツールの発現ベクターをヒト胚腎臓由来細胞 293（HEK293 細胞）へ共導入し、レポーター活性を測定することによってゲノム編集ツールの DNA 切断活性を定量的に評価することができる。細胞内で標的配列が切断されると、DNA 二本鎖切断（DSB）修復の 1 つである SSA によって、分断されていたレポーター遺伝子が修復され、レポーター遺伝子を発現する。レポーター遺伝子としては、ホタルの**ルシフェラーゼ**（*Luc*）**遺伝子**やオワンクラゲの**緑色蛍光タンパク質**（*GFP*：green fluorescent protein）**遺伝子**が利用される。様々なゲノム編集ツールの評価に利用可能なアッセイ法である。

2.2.4　ターレン（TALEN：TALE ヌクレアーゼ）

ターレン（**TALEN：TALE ヌクレアーゼ**）は、ZFN と同じ人工ヌクレアーゼであり、DNA 認識・結合ドメインとして植物病原細菌 *Xanthomonas*（キサントモナス）由来の転写活性化因子様エフェクター（TALE）が利用されている[2-13]。TALE タンパク質は、キサントモナス内で合成され、病原性細

2章　ゲノム編集の基本原理：ゲノム編集ツール

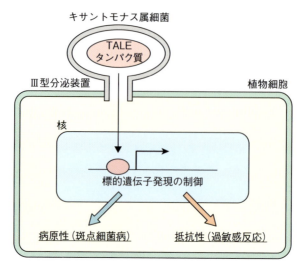

図 2.6　キサントモナスのⅢ型分泌装置
植物病原細菌のキサントモナスは，Ⅲ型分泌装置によってTALEタンパク質とよばれるエフェクターを送り込む。TALEタンパク質は，植物細胞の遺伝子の発現をコントロールし斑点病を引き起こすと同時に，植物の抵抗反応を誘導する。

菌に特有のⅢ型分泌装置（T3SS：type Ⅲ secretion system）によって，タバコなどの植物の細胞へ直接送り込まれる[2-14]。輸送されたTALEは，感染を促進するように，宿主植物の複数の遺伝子に結合し，それらの発現に影響をあたえ，斑点細菌病を引き起こす。同時に植物では，TALEによって**過敏感反応**（hypersensitive response）とよばれる抵抗性が誘導されることも知られている[2-15]（図 2.6）。

　TALEの中央部分には，34〜35アミノ酸残基を1単位とした繰り返し構造（**TALEリピート**）が見られ，1リピートが一塩基を認識して結合する（図 2.7a）。TALEリピートは，2つのαヘリックスをもち，12番目と13番目のRVD（repeat-variable di-residue）とよばれる2つのアミノ酸残基が，塩基への結合と安定性に関与することが結晶構造解析から明らかにされている（図 2.7b）。例えばRVDが，NI（アスパラギンとイソロイシン）であればアデニン，HD（ヒスチジンとアスパラギン酸）であればシトシン，NG（ア

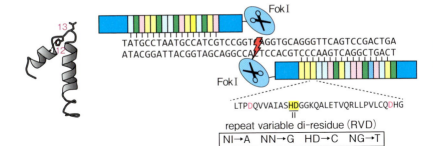

図 2.7　TALEN の基本構造
a) TALE タンパク質がもつ TALE リピート（約 34-35 アミノ酸残基）は，2つのαヘリックスからなる。12 番目と 13 番目のアミノ酸残基は RVD とよばれる。
b) TALEN は，DNA 認識・結合ドメインとして TALE リピートを利用し，その C 末端に DNA 切断ドメインの FokⅠを連結した人工制限酵素である。TALEN は一組として働き，FokⅠの部分が二量体を形成して，二本鎖 DNA 切断（DSB）を誘導する。4 番目と 32 番目のアミノ酸残基（赤色）は non-RVD とよばれ，DNA との強い結合に関わる。

スパラギンとグリシン）であればチミン，NN（アスパラギンとアスパラギン）であればグアニンと結合する。筆者らのグループは，TALE リピートの 4 番目と 32 番目のアミノ酸残基が強い結合に関与することを明らかにしている。この 2 つのアミノ酸残基を非 RVD（non-RVD）とよび，non-RVD を用いた高い活性をもつプラチナ TALEN（Platinum TALEN）を開発している[2-5]。また，TALE の N 末端の配列は，TALE リピートとの明確な相同性は見られないものの T に結合することが知られている。この部分を完全に除くと，TALEN は標的配列に結合できなくなるので注意が必要である。

TALEN では，TALE の N 末側に NLS（核局在化シグナル）を，C 末側に FokⅠ切断ドメインを連結している。キサントモナスからは，1 から 33 まで様々なリピート数の TALE が報告されているが，TALEN では 15～20 リピートの TALE が利用されている。TALEN は 2 つ一組で働くため，片側 15 リピート（合計で 30 塩基）を認識・結合する TALEN であれば十分に高い特異性を確保できるからである。ZFN と同様に，認識配列間のスペー

サー領域を切断するが，TALE はジンクフィンガーアレイよりタンパク質としてのサイズが大きいため，Fok I 切断ドメインの二量体形成のためにスペーサーを長く設定する必要がある。利用する TALE の種類にもよるが，多くの TALEN で 15 塩基程度のスペーサーが必要である。

TALEN の作製は，**REAL**（<u>r</u>estriction <u>e</u>nzyme <u>a</u>nd <u>l</u>igation）法[2-16] や **Golden Gate 法**[2-17] などの方法が確立されている。これらの方法では，TALE リピートを含むプラスミド DNA を制限酵素とリガーゼを用いて必要なリピート数へ連結していく。例えば，Golden Gate 法では，2 段階の反応で最終的なリピート数を有する TALEN を構築する。分子クローニング実験に慣れた研究者であれば，上述の方法に必要なプラスミドを入手して，任意の配列を切断する TALEN を研究室で構築することが可能である。ジンクフィンガーアレイと異なり，TALE には文脈依存性は見られないので，高い確率で切断活性を有する TALEN が作製できる。まれに構築の失敗によって，まったく活性がない TALEN が含まれるので，SSA アッセイ (図 2.5) によって事前に TALEN の切断活性を評価することを推奨している。また，人工遺伝子作製サービスでは目的の遺伝子を合成することが可能であるが，多くのサービスでは PCR を介して目的の遺伝子を増幅する過程が含まれる。そのため，このサービスで TALEN 作製を依頼すると，TALE リピートをコードする領域で間違ったアニーリングを起こし，リピート部分にエラーが入ることがあるので注意が必要である。

TALEN の開発によって，ゲノム編集は様々な分野の研究者にとって身近な技術となった。実際，筆者の研究室は，プラチナ TALEN を使った共同研究によって，糸状菌やジャガイモ，ミジンコ，カイコ，ウニ，ホヤ，マウス，ラット，マーモセットでの遺伝子改変に成功している。ZFN に比較して，切断特異性が高く，作製の成功率が高い点で TALEN を利用するメリットは現在でも十分あると考えられる。一方で，TALEN 作製は未だ複雑な過程が多く含まれ，すべての研究者が広く利用できる汎用的な技術とは言い難い。TALEN を利用する場合は，この技術に経験を有する研究者に一度相談することを勧める。

2.2.5 クリスパー・キャス9（CRISPR-Cas9）

2012年，第三世代のゲノム編集ツールとして発表されたのが，**クリスパー・キャス9**（**CRISPR-Cas9**）である[2-6]。ZFNやTALENが，タンパク質のDNA認識・結合ドメインによって標的塩基配列へ結合するのに対して，CRISPR-Cas9は短鎖RNAを利用して塩基対形成によって結合する。標的配列の切断は**ガイドRNA**と複合体を形成する**Cas9ヌクレアーゼ**（**Cas9**）が行うことから，CRISPR-Cas9は**RNA誘導型ヌクレアーゼ**とよばれている。Cas9は，標的遺伝子ごとに変える必要はなく，標的配列に対応する短鎖RNA（ガイドRNA）さえ準備すれば，簡単に遺伝子改変が可能である。ガイドRNAは，化学合成によって作製したDNAから簡便に調製することができ，ZFNやTALENのような煩雑な作製過程も必要としない。このことから，CRISPR-Cas9は汎用性が高いゲノム編集ツールとして，2013年以降，予想をはるかに越えるスピードで世界中に広がっている。

CRISPR-Casシステムは，もともと古細菌や真正細菌の有する**獲得免疫機構**である（図2.8）[2-18]。細菌は，ファージなどの外来DNAが侵入すると，ファージのDNAを30塩基対程度に断片化し，ゲノム中のCRISPRへ取り込む（**獲得過程**）。CRISPRは，繰り返し配列とスペーサー配列が交互に現れるという特徴をもっており，スペーサー領域に複数の外来DNA断片を取り込む。繰り返し配列内には短い回文配列が見られることやクラスター構造が存在することから**CRISPR**（<u>c</u>lustered <u>r</u>egularly <u>i</u>nterspaced <u>s</u>hort <u>p</u>alindromic <u>r</u>epeats）の名前がつけられている。細菌は，外来DNAを自身のゲノムとすることで，敵の塩基配列の情報を記憶するのである。

ゲノム編集に利用されるタイプⅡのCRISPR-Casシステムでは，再び同じ配列をもつ外来DNAが侵入すると，外来DNA断片の塩基配列情報を含む**前駆CRISPR RNA**（**pre-crRNA**）を転写する（**発現過程**）。pre-crRNAは，別のゲノム領域から転写された**tracrRNA**（<u>tr</u>ans-<u>a</u>ctivating <u>C</u>RISPR <u>R</u>NA）とpre-crRNAの繰り返し配列部分およびCas9が結合し，プロセッシングによって断片化された後，crRNA：tracrRNA：Cas9の複合体が形成される。複合体は，ファージDNA上を動き，標的の塩基配列を探索していく。複合

a) 獲得過程

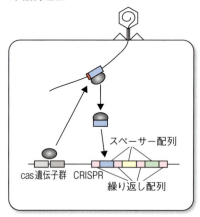

b) 発現過程

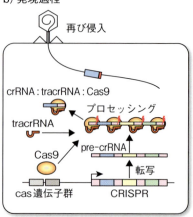

c) 切断過程

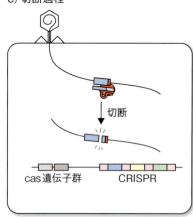

図 2.8　CRISPR-Cas9 による獲得免疫機構
a) ファージが感染すると，細菌では cas 遺伝子群から発現した切断酵素が働き，ファージ DNA を切断し，ゲノム中の CRISPR に断片化したファージ DNA を取り込む（獲得過程）。ファージ DNA が取り込まれた部分はスペーサーとよばれ，スペーサーは繰り返し配列と交互に現れる。
b) 再び，ファージが感染すると，CRISPR から pre-crRNA が発現され，cas 遺伝子群から発現した Cas9 タンパク質と tracrRNA が結合して，複合体（crRNA：tracrRNA：Cas9）を形成する。その後，プロセッシングによって 1 つのスペーサー配列を含む複合体へ分離する（発現過程）。
c) crRNA：tracrRNA：Cas9 は，侵入したファージ DNA と塩基対形成によって結合し，DSB を誘導する（切断過程）。

体がプロトスペーサー隣接モチーフ（**PAM**：proto-spacer adjacent motif）とよばれる目印の配列に結合すると，標的配列と crRNA が塩基対を形成し，二本鎖 DNA を切断・不活性化する（**切断過程**）。化膿レンサ球菌（*Streptococcus pyogenes*）の Cas9（SpCas9）：crRNA：tracrRNA 複合体は，PAM 配列（5′-NGG-3′）に結合すると，2 つの DNA 切断ドメイン（**RuvC ドメイン**と

HNHドメイン）によって，PAM配列から3塩基離れた箇所のDNA二本鎖を切断する。PAM配列は数塩基と短いが，由来する細菌種やCRISPRのタイプによって，その配列が異なることが知られている。

　ゲノム編集ツールとして改良されたCRISPR-Cas9では，crRNAとtracrRNAをリンカーでつないだ100塩基程度の**一本鎖ガイドRNA（sgRNA : single-guide RNA）**が使われる（図2.9）。この改良によって，sgRNAとCas9の2つの因子を細胞内で発現させることができれば，sgRNA：Cas9複合体が染色体上の標的配列に結合してDSBを誘導することができる。標的配列として必要なのは，SpCas9であればPAMとしての5′-NGG-3′のみであり，標的となる20塩基に大きな制限はない。そのため，遺伝子を破壊する実験であれば，PAMとなる配列を目印としてsgRNAの標的箇所はいくつも選ぶことができる。2本の相補的な合成オリゴDNAを塩基対形成させ，プラスミドに挿入することによって，Cas9とsgRNAの両方の発現用ベク

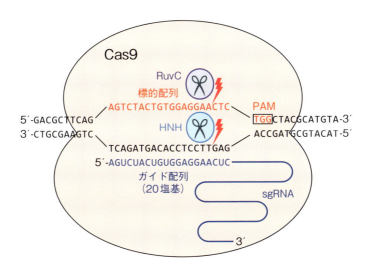

図2.9　ゲノム編集ツールとしてのCRISPR-Cas9の基本構造
　ゲノム編集では，crRNAとtracrRNAをリンカーで連結した一本鎖ガイドRNA（sgRNA）が利用される。sgRNAのガイド配列と標的DNA配列の結合とCas9による切断には，PAM配列が必要とされる。Cas9はRuvCドメインとHNHドメインの2つのDNA切断ドメインをもつ。

ターが簡単に準備できる．一般に，Cas9 の発現には，RNA ポリメラーゼⅡ
が転写するタンパク質遺伝子のプロモーターを利用するが，sgRNA の発現
には RNA ポリメラーゼⅢが転写するキャップ構造をもたない短い RNA の
遺伝子（U6 RNA 遺伝子など）のプロモーターを使う．複数種類の sgRNA
を発現することによって，同時に複数箇所の遺伝子改変が可能であることが
培養細胞や生物個体で報告されている[2-7, 19]．

　上述のように遺伝子破壊実験では，遺伝子のコード領域中の PAM 候補配
列のどれかを1つを選んで切断すればよいが，遺伝子ノックインでは挿入し
たい箇所の近くを切断する必要が生じる．また，小分子 RNA 遺伝子のよう
な小さい遺伝子を対象とする場合は，その中に標的配列を設計し，小分子
RNA のループ構造を破壊する必要がある．しかしながら，切断したい箇所
の近くに必ずしも PAM として使える塩基配列があるとは限らない．このよ
うなとき，PAM の塩基配列の異なるタイプの CRISPR を利用することで，

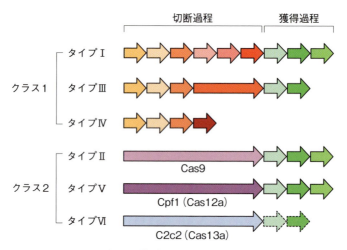

図 2.10　CRISPR のクラスとタイプ分類
　これまで発見された CRISPR は，切断過程に必要なエフェクターが複数である
か単一であるかによって再分類されている．クラス1は複数のエフェクターに
よって構成されるタイプⅠ，Ⅲ，Ⅳが含まれ，単一のエフェクターを含むタイプ
Ⅱ，Ⅴ，Ⅵはクラス2に分類される．CRISPR-Cas9 はクラス2のタイプⅡとなる．
矢印は各エフェクターの遺伝子を示している．

様々な標的配列に対応したゲノム編集が可能な場合がある。これまでに既知の塩基配列とは異なる PAM 配列の特異性をもつ Cas ヌクレアーゼが複数単離されている[2-20]。CRISPR は，切断にヌクレアーゼを含む複数のエフェクター因子が関わる**クラス 1（タイプ I，III，IV）**と，ヌクレアーゼのみを必要とする**クラス 2（タイプ II，V，VI）**に大きく分類される（図 2.10）。この他，RNA に結合するクラス 2 のタイプ VI の C2c2（Cas13a）は RNA に結合して切断することが知られている[2-21]。

　ゲノム編集では，ツールを細胞外から導入するため，構成因子の数が少ないクラス 2 がツールとして適している。この理由から，切断に単一のヌクレ

表 2.1　PAM 配列の異なる様々な Cas

名前	タイプ	由来する細菌種	PAM 配列*	特徴
SpCas9	II	*S. pyogenes*（化膿レンサ球菌）	5′-NGG-3′	最も汎用的な Cas9
SaCas9	II	*S. aureus*（黄色ブドウ球菌）	5′-NNGRR(T)-3′	サイズの小さい Cas9（1053a.a.）
NmCas9	II	*S. meningitidis*（髄膜炎菌）	5′-NNNNGATT-3′	
FnCas9	II	*F. novicida*	5′-NGG-3′	
CjCas9	II	*C. jejuni*（カンピロバクター）	5′-NNNNRYAC-3′	最もサイズの小さい Cas9（984a.a.）
AsCpf1（Cas12a）	V	*Acidaminococcus sp.*	5′-TTTV-3′	PAM が 5′側
LbCpf1（Cas12a）	V	*Lachnospiraceae bacterium ND2006*	5′-TTTV-3′	PAM が 5′側
SpCas9 VQR	II	*S. pyogenes*（化膿レンサ球菌）	5′-NGA-3′	PAM 改変（5′-NGG-3′ から）
SpCas9 VRER	II	*S. pyogenes*（化膿レンサ球菌）	5′-NGCG-3′	PAM 改変（5′-NGG-3′ から）
SaCas9 KKH	II	*S. aureus*（黄色ブドウ球菌）	5′-NNNRRT-3′	PAM 改変（5′-NNGRR(T)-3′ から）
xCas9(3.7)	II	*S. pyogenes*（化膿レンサ球菌）	5′-NG-3′, 5′-GAA-3′, 5′-GAT-3′	PAM 改変（5′-NGG-3′ から）
FnCas9 RHA	II	*F. novicida*	5′-YG-3′	PAM 改変（5′-NGG-3′ から）

＊　N は任意。R は A または G。V は A，C，G。Y は C または T。

2章　ゲノム編集の基本原理：ゲノム編集ツール

アーゼのみを必要とするタイプⅡやタイプⅤがゲノム編集ツールとして開発されてきた。タイプⅡでは，SpCas に加えて，黄色ブドウ球菌（*Staphylococcus aureus*）の Cas9（SaCas9）が利用され，その PAM 配列は 5′-NNGRR(T)-3′である（表 2.1）。SaCas9 は，SpCas9 に比べると分子サイズが小さいという特徴をもっている。また最近，タイプⅤの CRISPR-Cas システムとして **Cpf1**（**Cas12a**）が注目されている[2-22]。*Acidaminococcus* sp. BV3L6 由来の Cpf1（AsCpf1）と *Lachnospiraceae bacterium* ND2006 由来の Cpf1（LbCpf1）は，共に PAM の塩基配列は 5′-TTTV-3′（V は A，C，G）であることや切断形状が突出末端であること，tracrRNA を必要としないことなど，タイプⅡの Cas9 とは異なる特徴を有している。

　異なる細菌種の CRISPR システムを利用する他に，既存の Cas9 のアミノ酸配列を改変することによって PAM の塩基配列特異性を改変する開発が進められている（表 2.1）。例えば，SpCas9 を改変した **VQR 変異体**と **VRER 変異体**は，PAM の塩基配列は 5′-NGA-3′ と 5′-NGCG-3′ にそれぞれ改変されている[2-23]。また最近，定向進化システムを利用して SpCas9 の PAM を 5′-NG-3′，5′-GAA-3′ と 5′-GAT-3′ に改変した様々な標的配列に対応可能な

コラム 2.1　CRISPR の発見

　CRISPR は，1980 年代に日本の研究者ら（現 九州大学教授の石野良純ら）によって発見された[2-25]。石野らは，大腸菌の *iap* 遺伝子下流に高次構造を取りやすい繰り返し配列が存在することを見いだした。当時，この繰り返し配列の機能は未知であったが，様々な細菌種に存在することが明らかになり，2002 年に CRISPR という名前がつけられた。その後，スペーサー領域にファージの配列が見つかり，CRISPR が獲得免疫機構に働くことが実験的にも示された。

　CRISPR database（CRISPRdb：http://crispr.i2bc.paris-saclay.fr）では，最新の CRISPR に関するデータが公開されており，2017 年のデータでは古細菌では約 87%，真正細菌で約 45% が，ゲノム中に CRISPR をもつことが示されている。

2.2 様々なゲノム編集ツール

解析法 2.1　CRISPR-Cas9 の設計

　CRISPR-Cas9 の標的配列は，一本鎖ガイド RNA（sgRNA）が結合する配列（約 20 塩基）に PAM 配列を加えた塩基配列である。sgRNA の配列は基本的に任意であるが，T の連続配列を含むと発現ベクターでは転写停止シグナルとなり sgRNA が発現しないことがある。

　標的配列を設計するための複数のプログラムが，ウェブ上で公開されており，ほとんどのプログラムは無料で利用することができる。**CRISPRdirect**（https://crispr.dbcls.jp）は，ライフサイエンス統合データベースセンター（DBCLS）の内藤雄樹らによって開発されたプログラムで，標的遺伝子のアクセッション番号あるいは塩基配列を直接入力することで，両鎖に対して指定した PAM 配列を検索し，標的配列をリストとして表示することができる。さらに，生物種を指定することによって，標的配列と同一の配列や類似配列がゲノム中に存在するかどうかを解析してくれる。

---

xCas9 が開発された[2-24]。このような変異体が，今後さらに多く作製されていくことによって，様々な標的配列が CRISPR によってゲノム編集可能になると予想される。

2.2.6　ゲノム編集ツールの比較

　ゲノム編集ツールとしては，現在 CRISPR-Cas9 が中心的に利用されているが，ZFN や TALEN にもそれぞれの長所があり，目的次第では未だ利用価値がある。3 つのゲノム編集ツールを比較すると，CRISPR-Cas9 が簡便さと価格，効率では圧倒的に優れている（表 2.2）。さらに，様々な**遺伝子改変**も CRISPR-Cas9 が得意とするところである。それでは，ZFN と TALEN の優れた点はどこにあるのであろうか？　ZFN は，他のゲノム編集ツールに比べてタンパク質のサイズが小さく，ZFN タンパク質は全体として正電荷を帯び，細胞膜を透過する性質を有している[2-26]。この特性を生かして，純粋にタンパク質導入による遺伝子治療が可能かもしれない。また，TALEN は，認識配列を合計で 30 塩基以上と長いので，特異性を上げた安

2章　ゲノム編集の基本原理：ゲノム編集ツール

表 2.2　ゲノム編集ツールの比較

	ZFN	TALEN	CRISPR-Cas9
DNAへの結合様式	タンパク質の特異的結合	タンパク質の特異的結合	RNAとの塩基対形成
構成	ジンクフィンガーとFokIのキメラのタンパク質	TALEとFokIのキメラタンパク質	sgRNAとCas9の複合体
分子サイズ	小	大	大
標的配列の長さ	ZFNペアで18～36塩基対	TALENペアで28～40塩基対	22塩基（ガイド配列とPAM）
標的配列の選択自由度	標的配列はGリッチ配列	標的配列の5′端は必ずT	標的配列の3′側にPAM
多重遺伝子改変	2か所の改変まで可能	2か所の改変まで可能	2か所以上を効率的に可能
ヌクレアーゼ以外の機能因子への適用	可能	効率的に可能	効率的に可能
オフターゲット作用*	中程度	低い	SpCas9は高い傾向にあるが特性の高い改良型が複数開発されている
作製の難易度	自作が困難	自作が容易	簡単
作製コスト	受託作製が高額	自作費用は低額	低額
特許の明確性	明確	明確	複雑

＊　9章1節を参照

全性の高いゲノム編集が可能である。コモンマーモセットの遺伝子改変には TALEN が効率的な変異導入を行うことが示されている[2-27]。また，現時点では，CRISPR-Cas9 は特許が複雑なため商業利用を前提とした開発には利用しづらい面があるが，知的財産権が明確な ZFN や TALEN は，企業研究者でも安心して使うことができる。

2.2.7　Addgene からのゲノム編集ツールの入手

ゲノム編集に関わる技術は，世界の研究者に急速に広がってきた。これには，2004 年に設立された米国の非営利（NPO）プラスミド供給機関 **Addgene**（https://www.addgene.org）が大きな役割を果たしている。こ

れまで，研究者が開発した様々な分子ツールをコードするプラスミドDNAは，開発した研究者自身がリクエストに応じて配布することが多かった．利用者が多いプラスミドは，国内であれば理化学研究所などに寄託・配布を依頼していたが，ゲノム編集の関連ツールに関しては，ZFN，TALENからCRISPR-Cas9の開発の流れの中で，研究者は論文発表後に，Addgeneへ寄託して配布することが一般的となっている．研究者は，Addgeneに寄託することによって，自分たちが開発したゲノム編集ツールを多くの研究者が利用し，使い易いツールであれば高く評価されることが一種のステータスのように感じている側面がある．寄託されたツールの利用は，基本的には基礎研究のために制限はされるものの，新しく開発したツールをお互いに即座に提供して開発を促進する**オープンイノベーション**がゲノム編集技術開発の分野には根付いたと言える．寄託作業もプラスミドDNAを送付するだけで開発の負担は軽く，その後，Addgeneがプラスミドを増幅して，配布や**物質移動合意書**（MTA : material transfer agreement）などの手続きを実費で行う．そのため，販売価格も低く抑えられており，多くの研究者が購入可能となっている（企業研究者の購入は商業利用を含むとみなされるので注意が必要である）．MTAの手続きが早く進めば2週間以内に手元に届く早さである．実際，筆者の開発したプラチナTALENやCRISPRシステムのプラスミドDNAは，これまでに合計1500件以上の配布実績があるが（図2.11），これを自分たちで配布することを考えると気が遠くなる．

図 2.11　Blue Flame Award
筆者（右）と佐久間哲史特任講師（左）．Blue Flame Awardは100以上のプラスミドの配布実績をもつ研究者に与えられる．

2章　ゲノム編集の基本原理：ゲノム編集ツール

コラム 2.2　国産ゲノム編集ツール

ゲノム編集ツールの開発は，海外を中心に進められてきたが，国内においても新しい技術が報告されている。PPR（pentatricopeptide repeat）は，植物の細胞小器官において遺伝子発現制御に働くタンパク質のモチーフである[2-28]。PPR は，主に RNA に結合するが，DNA に結合する PPR タンパク質も報告されている。PPR モチーフの核酸への結合特性はすでに解明されており，RNA を標的とする制御技術や DNA を標的とする PPR ヌクレアーゼが開発されれば，産業利用目的での国産ゲノム編集ツールとして価値が非常に高い。加えて，デアミナーゼを利用した技術も国内で開発されており[2-29]，産業利用を視野に入れた開発が急ピッチで進められている。

これらの独自技術開発を促進するためには，国の開発支援に加えてバイオベンチャー企業の実用化に向けた開発が必須であり，PPR 技術（エディットフォース株式会社）とデアミナーゼ技術（バイオパレット株式会社）については国内ゲノム編集ベンチャーがすでに設立されている。

34

3章 DNA二本鎖切断（DSB）の修復経路を利用した遺伝子の改変

　細胞内の DNA は，様々な要因によって切断される。放射線や紫外線，様々な化学物質（発がん物質や抗がん剤など）の影響によって DNA 二本鎖切断（**DSB**：double-strand break）が誘導されるだけでなく，DNA 複製などの細胞活動においてもしばしば DSB は誘導される。DSB によって遺伝子が分断された状態は，細胞内では有害であるため，複数の DSB 修復機構によって元の配列へ修復される。

　ここでは，ゲノム編集に利用される複数の DSB 修復経路機構について説明し，それぞれの修復経路でどのような遺伝子改変が可能であるかを理解する。

3.1　DSB の修復経路

　ゲノム編集ツールによって誘導された DSB は，細胞内の様々な DSB 修復経路によって修復される。DSB 修復経路は，相同配列を利用しない経路と相同配列を利用する経路に大別される（図 3.1）。

　相同配列を利用しない主な修復経路は，**非相同末端結合**（**NHEJ**：non-homologous end-joining）**修復**である。相同配列を利用しない NHEJ は classical NHEJ（**C-NHEJ**）ともよばれる。

　これに対して，相同配列を利用する修復経路は，**相同配列依存的修復**（**HDR**：homology-directed repair）とよばれ，**相同組換え**（**HR**：homologous recombination）**修復**や**一本鎖アニーリング**（**SSA**：single-strand annealing），alternative NHEJ（**A-NHEJ**）などが含まれる。このう

35

3章　DNA 二本鎖切断（DSB）の修復経路を利用した遺伝子の改変

● **相同配列非依存的修復**
- ・classical NHEJ（C-NHEJ）

● **相同配列依存的修復（HDR）**
- ・相同組換え（HR）
- ・alternative NHEJ（A-NHEJ）───┐ マイクロホモロジー媒介末端結合（MMEJ）
- ・一本鎖アニーリング（SSA）────┘（短い相同配列を利用した SSA を含む）
- ・一本鎖鋳型修復（SST-R）

図 3.1　様々な DNA 二本鎖切断（DSB）修復

ち，A-NHEJ や SSA の一部（短い相同配列を利用する場合のみ）は，短い相同配列を利用した修復経路であることから**マイクロホモロジー媒介末端結合**（**MMEJ**：microhomology-mediated end-joining）**修復**ともよばれている。

　上述の修復経路は，細胞の増殖周期（**細胞周期**）の各期（**G1 期，S 期，G2 期，M 期**）によって活性の有無や変化が見られる。例えば NHEJ 修復は，基本的にすべての真核生物がもつ DSB 修復経路であり，M 期を除く細胞周期で常に働いている（図 3.2）。これに対して，HR 修復は，細胞周期の中後期 S 期 /G2 期に**姉妹染色分体**を鋳型として修復を行う。そのため，非分裂細胞や，G1 期が長く S 期 /G2 期の短い細胞種では，HR 修復を利用したゲノム編集の難度は高い。また，MMEJ 修復は，G1 期 / 前期 S 期に働くと考えられている。以上のことから，効率的なゲノム編集には，対象の細胞種や生物種がどのような修復機構に依存しているかを考慮して，研究計画を立てることが重要となる。

　NHEJ 修復は，鋳型を必要せず，近傍の切断末端同士を迅速に連結する修復経路である。様々な真核生物の細胞種や生物種で NHEJ 修復が利用可能なことが知られているが，原核生物では NHEJ 修復活性をもたない場合があるのでゲノム編集では注意が必要である。NHEJ 修復では，DSB 末端に**Ku70/Ku80** の複合体（ヘテロ二量体）が結合し，末端が大きく削られないように保護している（図 3.3a）。ここに，Artemis タンパク質など複数の因子が結合することで末端の加工を行い，最終段階で **DNA リガーゼⅣ（Lig Ⅳ）**

36

3.1 DSBの修復経路

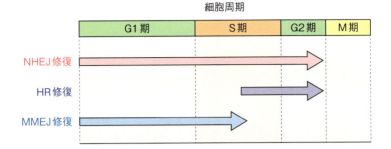

図 3.2 細胞周期と DSB 修復
NHEJ 修復は，M 期以外の細胞周期において常に活性が見られる。HR 修復は S 期と G2 期，MMEJ 修復は G1 期と S 期に活性のあることが報告されている。

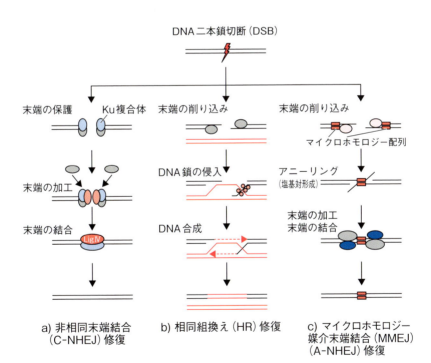

図 3.3 DSB 修復機構

3章 DNA 二本鎖切断 (DSB) の修復経路を利用した遺伝子の改変

によって切断末端が連結する。NHEJ 修復は，主要な DSB 修復経路であるが，鋳型を利用しないため，同じ箇所が何度も切断されると，修復のエラーを起こしやすい。多くの場合，**短い挿入・欠失（インデル：indel）変異**が導入されることが知られている。この性質を利用して，NHEJ 修復を利用した様々な生物種での遺伝子ノックアウトが行われている。

相同配列を利用する最も有名な修復経路は，**HR 修復**である （図 3.3b）。HR 修復は，長い相同配列が利用する正確性の高い修復経路として知られており，複製で生じる姉妹染色分体を鋳型として切断された箇所を修復する。この経路では，まず DSB 箇所に複数のタンパク質が結合し，削り込みが起こる。この削り込みによって生じた 3′ 突出末端に **Rad51 タンパク質**が結合し，姉妹染色分体中の相同配列を検索していく。相同配列が見つかると，姉妹染色分体間で対合し，DNA 鎖を挿入する。さらに，DNA 合成を行うことによって修復を完了する。HR 修復は，精子や卵に分化する精母細胞や卵母細胞の減数分裂で見られる遺伝的組換えにも利用される。

SSA 修復は 25 塩基程度から数キロ塩基の相同配列を，A-NHEJ 修復は 6 〜 20 塩基程度の短い相同配列を利用した経路である。これらの修復経路では，切断箇所の両側の相同配列がアニーリング（塩基対形成）を起こし，飛び出した一本鎖部分が削られる （図 3.3c）。その結果，様々なサイズの欠失が誘導される。修復には複数の異なるタンパク質が働くことが知られており，SSA 修復や A-NHEJ では，**DNA リガーゼ I （Lig I）や DNA リガーゼ III （Lig III）**によって切断末端が連結される。SSA 修復や A-NHEJ 修復では様々なサイズの欠失変異が導入されるので，NHEJ 修復同様に正確性の低い修復機構と位置づけられている。

3.2 ゲノム編集による遺伝子ノックアウト

ゲノム編集を使う目的として，最初に挙げられるのが，標的遺伝子への変異導入である。ゲノム編集ツールで切断された標的配列が NHEJ 修復によって修復されると，正しく連結されるが，何度も切断を繰り返す中で，NHEJ

修復エラーによって indel 変異が導入される（図 3.3a, 図 3.6a 参照）。一度変異が導入されると，ゲノム編集ツールの認識配列が消失あるいは分断され，以後切断は起こらなくなる（図 3.4）。この indel 変異が遺伝子のコード領域に導入されると，コード領域の読み枠にずれを生じ，遺伝子の破壊が起こる（**遺伝子ノックアウト**）。ゲノム編集ツール変異が導入された箇所から情報の読み枠にずれが生じ，正しいアミノ酸が連結されず，機能的なタンパク質が合成できなくなる（図 3.5）。また，別の読み枠に移ったために，途中で終止コドンが現れて小さいタンパク質となる場合もある。

しかしながら，indel が導入されても必ずしも，遺伝子ノックアウトとならない場合があるので注意が必要である。例えば，3 の倍数で欠失が起きたときは，3 塩基欠失で 1 アミノ酸欠失，6 塩基欠失であれば 2 アミノ酸欠失となるだけである（図 3.5）。このような場合でも，機能ドメインのアミノ酸欠失によってタンパク質の機能ドメインの構造が壊れることもあるが，数アミノ酸の欠失でタンパク質として機能が変化しない場合もある。このような場合には，開始コドン ATG（メチオニンをコード）近傍を切断し，ATG に欠失変異を導入する方法が有効である。多くの場合，ATG がないために mRNA からタンパク質が翻訳されないが，別の位置にある ATG から翻訳

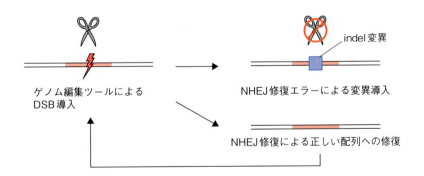

図 3.4　ゲノム編集での導入変異の固定
　人工 DNA 切断酵素によって切断され NHEJ 修復エラーによって indel 変異が導入され，人工 DNA 切断酵素が認識できなくなると変異が固定される。NHEJ によって修復が正確に行われた場合は，再度切断が入り，変異が導入されるまで繰り返される。

3章　DNA 二本鎖切断（DSB）の修復経路を利用した遺伝子の改変

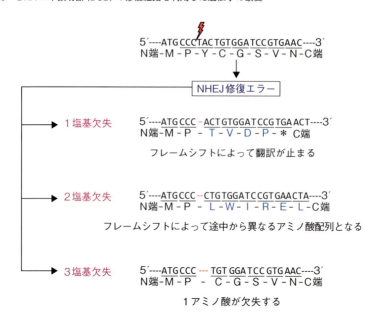

図 3.5　欠失変異が遺伝子に与える影響
　NHEJ の修復エラーによって，1塩基や2塩基が欠失した場合は，フレームシフトによってストップコドンが入り，翻訳が止まるなどの影響がある。また，読み枠が変わり（フレームシフト）別のアミノ酸配列になることもある。3塩基が欠失した場合は，1アミノ酸が欠失するだけであり，タンパク質の機能に与える影響は少ないが，機能ドメインでの1アミノ酸欠失は機能喪失となる場合もある。

された例もあるので，変異導入後に遺伝子産物（mRNA やタンパク質）の発現について確認する必要がある。

　また，遺伝子ファミリーに含まれるような遺伝子の機能を調べたい場合は，ファミリーで相同な領域を切断することによって類似機能の遺伝子をすべて破壊することも重要である。

　前項で述べた SSA 修復や MMEJ 修復では，DSB 部分に欠失変異が導入される（図 3.6c）。特に切断箇所両側の短い相同配列を利用する MMEJ 修復の場合，切断によってどのような欠失が起こるか，切断箇所の両側の配列情報からあらかじめ予測することが可能である。これにより3の倍数での

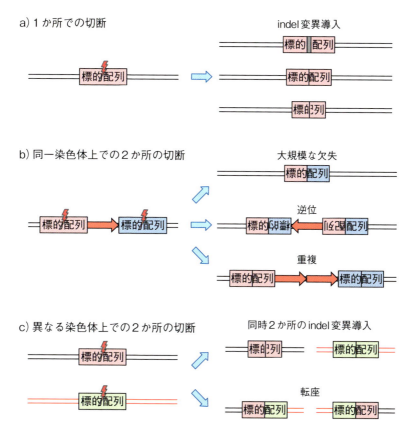

図3.6 NHEJ修復を介したゲノム編集
a) 標的配列の1か所の切断は，NHEJ修復エラーによって，多くの場合，短いindel変異が誘導される。
b) 同一染色体上の2か所の切断では，大規模な欠失，逆位，重複などが起こる。
c) 異なる染色体での2か所の切断では，同時2か所のindel変異導入や転座が誘導される。

欠失を避け，確実にフレームシフトとなるような欠失変異を誘導することも可能である．この目的のために開発されたウェブツールの **Microhomology-Predictor**（http://www.rgenome.net/mich-calculator/）を利用すれば，高い確率でフレームシフトによって遺伝子破壊が可能な切断箇所を選択できる．

3章　DNA二本鎖切断 (DSB) の修復経路を利用した遺伝子の改変

　1か所の切断による indel 変異導入に対して，同一染色体上の2か所の DSB によって NHEJ 修復を介した大きな欠失を導入することも可能である（図 3.6b）。2か所の切断に必要なゲノム編集ツールを同時に発現させることができれば，エキソンごと欠損させることや，小さな遺伝子であれば丸ごと除くことも可能であり，フレームシフトが起こっているかどうかを気にすることなく遺伝子ノックアウトができる。そのため，確実に遺伝子を破壊したい場合は，2か所での切断による欠失変異導入が推奨される。また，2か所の切断によって，頻度は低いが逆位や重複も起こる。この他，異なる染色体を同時に切断することによって，転座が起こることが知られている（図 3.6c）。

実験法 3.1　indel 変異の検出法

　標的の遺伝子に変異が入ったかどうかを調べる直接的な方法は，標的部分の塩基配列を，DNA シークエンサーを用いて解析することである。しかしながら，毎回のシークエンスは骨の折れる作業なので，標的配列を含む領域をPCR で増幅して電気泳動によって変異の有無を調べる方法が有効である（図 3.7）。

　NHEJ 修復エラーによる変異導入では，変異が導入される細胞と導入されない細胞，様々なタイプの変異が混在するため，PCR 産物を変性・塩基対形成（アニーリング）することによってヘテロ二重鎖を形成させることができる。ヘテロ二重鎖は，変異が導入されていないホモ二重鎖と異なる電気泳動度を示すので，電気泳動像を見れば，電気泳動度の異なるバンドを指標に変異の有無を評価できる。この方法をヘテロ二重鎖移動度分析（HMA：heteroduplex mobility assay）という。

　さらに，PCR 産物中のヘテロ二重鎖を Cel-I や T7E1 のようなエンドヌクレアーゼで切断することによって変異導入率の解析が可能である。これらの変異を高感度に解析する装置としては，マイクロチップ電気泳動装置（島津製作所社製の MultiNA など）が便利である。

3.2 ゲノム編集による遺伝子ノックアウト

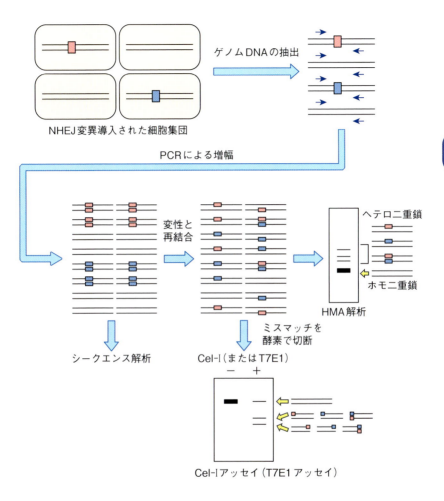

図 3.7 標的配列への変異導入を解析する方法
変異導入された細胞が，集団中に含まれるかどうかを電気泳動によって解析する方法。変異導入を行った細胞集団（組織や胚）からゲノム DNA を抽出し，標的配列を含む領域を PCR で増幅する。PCR 産物をシークエンスすることによって変異の有無を確認できる。PCR 産物を一度，熱変性し再結合するとホモ二重鎖とヘテロ二重鎖が形成される。ホモ二重鎖とヘテロ二重鎖を電気泳動度の違いから解析する方法がヘテロ二重鎖移動度分析（HMA：heteroduplex mobility assay）である。ヘテロ二重鎖を Cel-I や T7E1 といったミスマッチを切断する酵素で解析する方法が Cel-I アッセイである。

3.3 ゲノム編集による遺伝子ノックイン

ゲノム編集によって可能となる重要な技術として，外来遺伝子の挿入（**遺伝子ノックイン**）が挙げられる。遺伝子ノックイン技術が自由に使えるようになれば，興味ある遺伝子中に外来 DNA を挿入することによる遺伝子ノックアウトや，蛍光タンパク質遺伝子の連結によって遺伝子発現を可視化することができる（図3.8）。また，疾患の原因変異を細胞や動物個体へ導入した疾患モデルを自在に作り出すことも可能となる。

既存の遺伝子組換え技術でも，外来遺伝子のノックインは可能であったが，多くの場合，挿入する遺伝子のコピー数や位置をコントロールすることが難しかった。酵母などの限られた生物種では，環状のドナーベクターを鋳型に利用する HR 修復によって，目的の遺伝子座へ外来遺伝子を入れ換える遺伝子ターゲティング法が利用できるが，多くの生物種では HR 修復活性が

【基礎研究分野】
- ・蛍光タンパク質遺伝子の挿入による遺伝子発現モニタリング
- ・外来有用遺伝子の恒常発現や高レベル発現
- ・遺伝子の分断による破壊（遺伝子ターゲティング）

【医学研究分野】
- ・疾患モデル細胞の作製（疾患の原因変異の導入）
- ・疾患患者由来細胞の修復（再生治療向け細胞の作製）
- ・正常遺伝子の挿入による遺伝子治療（*in vivo* 治療）

【農水畜産学分野】
- ・有用品種の作出（塩基改変による農薬耐性の獲得など）
- ・有用物質を産生する品種の作出

【生物工学分野】
- ・有用物質を産生する微生物の作出など

図3.8　遺伝子ノックインで可能になること

低いため，この修復経路を利用した遺伝子ノックインはほとんど成功していなかった。当然であるが，HR 修復を介した正確な改変が可能な生物が，モデル生物として脚光を浴びてきたわけである。ゲノム編集は，遺伝子ノックイン技術のこのような状況を大きく変え，様々な細胞や生物で遺伝子ノックインを可能にする技術と期待されている。

　ゲノム編集を利用した遺伝子ノックインは，HR 修復を介した正確な挿入方法での開発が中心となってきた。既知の方法との違いは，挿入用のドナーベクターに加えて，標的遺伝子座を切断するゲノム編集ツールを共導入する点である。この方法で使うドナーベクターは，挿入したい外来遺伝子の両端に切断箇所の末端と相同な配列（500 塩基対〜 1 キロ塩基対の配列で**ホモロジーアーム**とよばれる）を付加した二本鎖環状 DNA が一般的である。ゲノム中の標的配列へ DSB が導入されると，HR 修復を利用してドナーベクター中の外来遺伝子のみが挿入される （図 3.9a）。比較的長い相同配列を利用するため，連結部分の配列も正確にコントロールできる。

　この方法によって，これまでノックインが難しかった培養細胞や動物卵において，ノックインの成功例が報告された [3-1]。しかしながら，この方法は HR 修復活性が非常に低い細胞種や生物種においては依然として効率が低く，成功に至らないことが多い。ノックイン効率を上昇させる方法として，HR 修復経路の活性化や，NHEJ 修復経路の抑制が注目されている。長年のDNA 修復の研究から，NHEJ 修復と HR 修復が両方働く細胞周期 G2 期においては，NHEJ 修復と HR 修復の切り替えが行われていることが示されている [3-2]。この切り替えには，NHEJ 修復経路の因子による HR 経路の抑制が関わっていることから，NHEJ 経路を抑制することによって HR 修復活性を上昇させる方法が開発されている。

　MMEJ 修復を介した遺伝子ノックイン法は，HR 修復活性の低い細胞種や生物種において有効な方法である （図 3.9b）。ドナーベクターに長い相同配列を必要としないため，ドナーベクター構築が簡便である。8 〜 40 塩基対程度の短い相同配列を利用するので，正確性も比較的高い。筆者らのグループは，MMEJ を介したノックイン法として **PITCh** （precise integration into

3章 DNA二本鎖切断（DSB）の修復経路を利用した遺伝子の改変

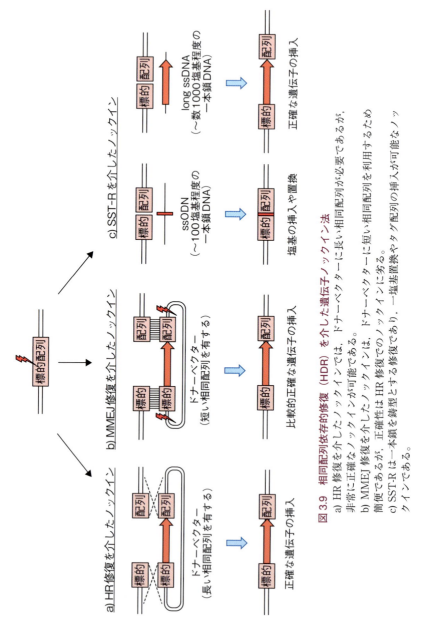

図 3.9 相同配列依存的修復（HDR）を介した遺伝子ノックイン法
a) HR 修復を介したノックインでは、ドナーベクターに長い相同配列が必要であるが、非常に正確なノックインが可能である。
b) MMEJ 修復を介したノックインは、ドナーベクターに短い相同配列を利用するため簡便であるが、正確性は HR 修復でのノックインに劣る。
c) SST-R は一本鎖を鋳型とする修復であり、一塩基置換やタグ配列の挿入が可能なノックインである。

target chromosome）法を開発し，培養細胞や動物個体での蛍光遺伝子挿入に成功している[3-3, 4]。

　最近，**一本鎖オリゴ DNA**（**ssODN**：single-stranded oligodeoxynucleotides）や，**長鎖一本鎖 DNA**（**long ssDNA**）を共導入することによって効率的に塩基置換や短いタグ配列をノックインすることも可能となってきた（図 3.9c）[3-5, 6]。この方法では，一本鎖 DNA を鋳型とした**一本鎖鋳型修復**（**SST-R**：single-strand template-repair）が働く。SST-R は，Rad51 タンパク質に依存しないことから，HR 修復とは異なる修復機構と考えられている[3-7]。また，一本鎖 DNA は，DSB 部位での DNA 鎖の合成の鋳型となる合成依存的アニーリング（SDSA：synthesis-dependent strand-annealing）によって挿入される可能性も提唱されている[3-8]。

　NHEJ 修復は細胞周期に依存しない修復経路であり，この経路が利用できれば高効率なノックインが期待できる。これまでに NHEJ 修復を介して，切断箇所に高効率に挿入することが報告されている（図 3.10a）。しかしながら，この方法は相同配列を利用しないことから，外来遺伝子を挿入する向きを選ぶことができない。また多くの場合，連結部分に indel 変異が入り，挿入されるコピー数も様々である。これらの問題を解決した NHEJ 修復を利用した正確なノックイン法も報告されている。**ObLiGaRe**（obligate ligation-gated recombination）**法**[3-9] では，目的の方向にノックインされた場合に再切断されないように工夫され，ノックインされた細胞を選択することが可能である。

　さらに最近，NHEJ 修復を利用した高効率な CRISPR-Cas9 を用いた方法として **HITI**（homology-independent targeted integration）**法**[3-10] が開発された（図 3.10b）。この方法では，NHEJ 修復によって両方向に挿入されたアレルのうち，反対方向に挿入されたアレルが CRISPR-Cas9 によって再度切り出され，目的の方向に入ったアレルに集約するよう工夫されている。

3章　DNA二本鎖切断（DSB）の修復経路を利用した遺伝子の改変

a) NHEJ修復での一般的なノックイン

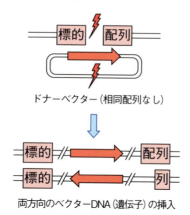

b) CRISPR-Cas9を用いたNHEJ修復での正確なノックイン（HITI法）

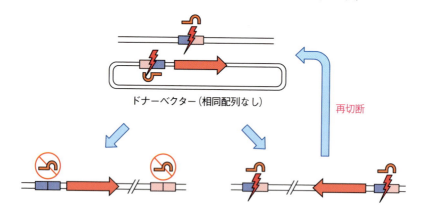

図3.10　NHEJ修復を介した遺伝子ノックイン法
　a) NHEJによるノックインでは，外来遺伝子は両方向に挿入されるだけでなく，連結部分の配列にindel変異が導入される傾向がある。
　b) CRISPR-Cas9を利用したHITI法では，一方向でのノックインが可能である。反対方向に挿入された場合は，再びCRISPR-Cas9で切断されるように設計されている。

3.3 ゲノム編集による遺伝子ノックイン

実験法 3.2 クロマチン免疫沈降（ChIP）解析

クロマチン免疫沈降（ChIP：chromatin immunoprecipitation）法は，転写調節因子など DNA 結合タンパク質が結合する DNA 領域を検出する方法である。目的のタンパク質因子が DNA へ結合した状態で固定し，DNA を断片化し，**特異的抗体**を用いて免疫沈降する。その後，沈降物中に含まれる DNA 断片を PCR で増幅し，結合配列領域を決定する。さらに，次世代シークエンサー（NGS：next generation sequencer）でタンパク質因子が結合する箇所をゲノムワイドにシークエンス解析する方法は **ChIP-seq** とよばれている。

ChIP 解析では，タンパク質因子の特異抗体を必要とするが，必ずしも特異性の高い抗体が準備できるとは限らない。そのため，ゲノム編集によって目的の遺伝子に Flag などのタグ配列を挿入し，タグ配列に対する特異抗体でChIP 解析をすることにより，安定した結果を得る方法も開発されている。

コラム 3.1 ミトコンドリア DNA のゲノム編集

ヒトのミトコンドリア DNA（mtDNA：mitochondrial DNA）は，約 16 キロ塩基対の環状 DNA で，ATP 合成に関わる遺伝子がコードされている。ミトコンドリア DNA は，多い場合は細胞あたり数千コピーもあるので，mtDNA のゲノム編集では，この膨大な遺伝子コピーへ同時に改変を行う必要がある。これまでに，TALEN や ZFN などの人工ヌクレアーゼに**ミトコンドリア ターゲット配列**（MTS：mitochondrial targeting sequence）を付加し，mtDNA の切断と変異導入の成功例が複数報告されている [3-11, 12]。

一方，CRISPR-Cas9 を使った mtDNA のゲノム編集については限られた報告しかない。これは，sgRNA の輸送効率が悪いことが原因と考えられ，CRISPR-Cas9 の適用には，sgRNA と Cas9 複合体をミトコンドリアへ運ぶデリバリー技術の開発が必要である。

3

DNA 二本鎖切断（DSB）の修復経路を利用した遺伝子の改変

4章　哺乳類培養細胞での ゲノム編集

　ゲノム編集の魅力は，原理的にすべての細胞や生物において利用可能な点である。本章では，ゲノム編集を利用した哺乳類培養細胞での遺伝子ノックアウトと遺伝子ノックインについて焦点を当て，具体的な方法を紹介する。ゲノム編集は細胞内の DNA 二本鎖切断（DSB：double-strand break）修復経路に依存した改変技術である。そのため，対象とする細胞種によってはゲノム編集効率が上がらないケースもあるので，その注意点や実験のポイントについて紹介する。

4.1　哺乳類培養細胞での遺伝子ノックアウト

　培養細胞での遺伝子改変は簡単なように思われがちだが，ゲノム編集以前の技術を使って，狙って改変を行うことは想像以上に難しい。正確な遺伝子改変は，これまで相同組換え（HR：homologous recombination）修復活性の高い，限られた細胞種（ニワトリ B 細胞由来の DT40 細胞など）でのみ可能であった。DT40 細胞では，HR 修復を介した外来遺伝子の挿入によって遺伝子を分断し，多くの遺伝子の機能が解析されてきた。

　このような状況の中，ゲノム編集による遺伝子改変が，現在様々なタイプの哺乳類培養細胞（がん細胞，不死化細胞，幹細胞，初代培養細胞など）で可能となってきた。培養細胞のゲノム編集では，ゲノム編集ツールを発現するプラスミド DNA ベクターを対象の細胞種に導入（トランスフェクション）できれば，標的遺伝子の切断を導入し，非相同末端結合（NHEJ：non-homologous end-joining）修復を介した indel（インデル：挿入・欠失）変異

50

の導入が可能である（図 4.1）。

最近では，プラスミド DNA を導入する代わりに，RNA やタンパク質として一過的に導入する方法も可能である．さらに，CRISPR-Cas9 では，Cas9 タンパク質と一本鎖ガイド RNA（sgRNA：single-guide RNA）の複合体（**リボ核タンパク質；RNP**：ribonucleoprotein）を *in vitro* で調製

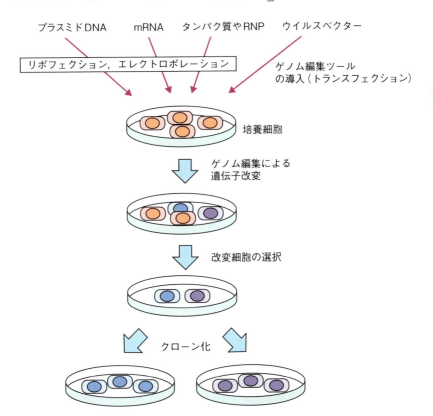

図 4.1 培養細胞へのゲノム編集ツールの導入法と変異導入細胞のクローン化
ゲノム編集ツールの培養細胞への導入は，発現プラスミド DNA，mRNA，タンパク質をリポフェクションやエレクトロポレーション（実験法 4.1 参照）によって行う．導入効率が低い細胞の場合は，ウイルスベクターによるゲノム編集ツールの導入も可能である．改変された細胞の選択が可能であれば，選択後にクローン化することが望ましい．遺伝子改変効率が高い場合は，選択することなくクローン化ができる場合もある．

4章　哺乳類培養細胞でのゲノム編集

し，これを導入することによって様々な細胞種で indel 変異の導入が報告されている[4-1]。

　培養細胞での効率的なゲノム編集のポイントの1つに，ゲノム編集ツールの導入効率（**トランスフェクション効率**）がある。一般的に，がん細胞でのトランスフェクション効率は高いが，初代培養細胞では効率が低く，改変された**アレル**（**対立遺伝子**）を有する細胞の比率は初代培養細胞では低い。トランスフェクションに用いられる方法として現在よく利用されているのは，**リポフェクション法**である。リポフェクション法では，カチオン性の脂質と導入するゲノム編集ツール（DNA，RNA，RNP の形状）を結合させて，エンドサイトーシスによって導入する。この方法で効率が上がらない場合は，**電気穿孔法**（**エレクトロポレーション法**）が推奨される（実験法 4.1 参照）。この方法には，専用の装置が必要であり，電気パルスによる細胞へのダメージもあるが，電圧導入条件によっては細胞死を極力抑えて高効率にゲノム編集ツールを導入することができる。上述の方法でも十分な導入効率が確保できない場合は，**ウイルスベクター**を用いてゲノム編集ツールを導入する方法も選択肢となる。ウイルスベクターは高効率かつ均一な遺伝子導入が期待できる一方で，ベクター構築や**ウイルス粒子**の作製に経験が必要である。

実験法 4.1　電気穿孔法（エレクトロポレーション）

　培養細胞や受精卵，あるいは組織へ電気パルスを利用して遺伝子を導入する方法として開発されたのが，電気穿孔法である。この方法では，プラスミド DNA を培養液へ添加し，通電するだけで細胞内へ導入できる。電気パルスの作用によって，細胞膜へ微小な孔が開けられ，DNA が導入される。ZFN や TALEN の発現ベクターや mRNA，CRISPR-Cas9 であれば，Cas9 タンパク質と sgRNA の複合体である RNP でも効率よい導入ができる。これまで，受精卵のゲノム編集では，顕微注入（マイクロインジェクション）などの専門技術が必要であったが，電気穿孔法であれば，マイクロインジェクション技術をもたない研究者でも，短時間に数多くの受精卵にゲノム編集ツールを導入できる。

4.1 哺乳類培養細胞での遺伝子ノックアウト

コラム 4.1 ゲノム編集に利用するウイルスベクター

　ゲノム編集ツールを培養細胞へデリバリーするウイルスベクターとしては，レンチウイルスベクター，アデノウイルスベクター，アデノ随伴ウイルス（AAV）ベクターが利用されている。最もよく利用されているレンチウイルスベクターはエイズのウイルス（HIV-I）をもとに作られたベクターで，安全に利用するために，多くの HIV-1 由来の配列が取り除かれている。アデノウイルスベクターは，ヒトアデノウイルス 2 型や 5 型（二本鎖 DNA ウイルス）から作製され，様々な細胞種において高い効率での遺伝子導入が可能である。AAV は，一本鎖 DNA ウイルスで安全性が高く，野生型 AAV はヒト 19 番染色体の AAVS1 領域に組み込まれるが，組換え AAV（AAV ベクター）ではその性質は失われている。AAV ベクターは，分裂細胞や非分裂細胞において効率よく感染し，遺伝子治療のベクターとして注目されている。それぞれのウイルスベクターによって搭載できる遺伝子のサイズに制限はあるが，CRISPR-Cas9 を使う場合，レンチウイルスベクターとアデノウイルスベクターでは化膿レンサ球菌の Cas9（SpCas9）と sgRNA を同時に搭載できる。一方，AAV ベクターは搭載できるサイズが約 4.5 キロ塩基対までであり，サイズの小さい黄色ブドウ球菌の Cas9（SaCas9）であれば，sgRNA と同時に搭載可能である。

4

哺乳類培養細胞でのゲノム編集

　培養細胞での遺伝子ノックアウト実験（indel 変異導入）で注意しなければならない点として，ゲノムの倍数性が挙げられる。倍数性の高い細胞であれば，複数の遺伝子コピー（アレル）が存在するので，すべての遺伝子へ確実に変異導入できなければ遺伝子ノックアウトにはならない。実験によく利用されているがん細胞は倍数性が高いことが多く（HeLa 細胞では三倍体以上），一度の操作で同時にすべてのアレルでの遺伝子破壊が難しい。NHEJ 変異導入を繰り返すことによって，すべてのアレルにフレームシフトを誘導した細胞を得ることも不可能ではないが，骨の折れる作業となる。その場合は，マイクロホモロジー媒介末端結合（MMEJ: microhomology-mediated end-joining）で効率的なフレームシフトを狙う方法，あるいは 2 か所を切断

53

して大きな欠失を誘導する方法が有効である。

　複数の遺伝子を同時に破壊する技術（**多重遺伝子ノックアウト**）は，基礎研究から応用研究においても重要な技術であることは言うまでもない。例えば，類似の遺伝子が存在する遺伝子ファミリーの機能を解析する場合，1つの遺伝子破壊では機能破壊の効果が見られないことがあり，類似の遺伝子をさらに破壊する必要が生じる。しかしながら，培養細胞での多重遺伝子ノックアウト技術はこれまで存在せず，相同組換えが可能な細胞種で1つ1つ遺伝子を破壊するしか方法がなかった。ゲノム編集技術は，この多重遺伝子ノッ

a) 複数の発現ベクター

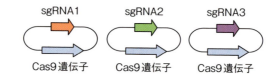

b) オールインワンベクター

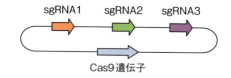

c) RNP（sgRNA＋Cas9タンパク質）

図 4.2　培養細胞での多重遺伝子破壊
　複数の遺伝子を改変する場合，a) 複数のプラスミドによってそれぞれ DSB を誘導するプラスミド DNA として導入，b) オールインワンベクターとして単一のプラスミド DNA として導入，c) CRISPR の sgRNA と Cas9 タンパク質の複合体として導入，などの方法が可能である。

クアウトを可能にし，特に CRISPR-Cas9 によって現実的な技術となった。2013 年 5 月，CRISPR-Cas9 を用いてマウス ES 細胞で 5 つの遺伝子座（8 アレル）の遺伝子改変が報告され[4-2]，多くの研究者を驚かせた。2013 年以降は，様々な細胞で複数の遺伝子破壊システムが報告されている。

複数の CRISPR-Cas9 発現ベクターを導入する方法や，1 つのベクターに複数の sgRNA 発現カセットが組み込まれたベクターも開発されている（図4.2a と b）。筆者らのグループは，7 つの sgRNA と Cas9 を発現するオールインワンベクターを開発し，それぞれのアレルに同時に NHEJ 修復を介した変異導入が可能なことを示した[4-3]。さらに，異なる sgRNA を含む RNPを導入することによって，同時改変も可能と考えられる（図 4.2c）。

同一染色体上の 2 か所の切断によって染色体レベルでの欠失，逆位，重複を培養細胞へ誘導できることが報告されている。サイズの小さい遺伝子であれば，2 か所の切断によって，遺伝子領域を丸ごと欠失させることも可能である。染色体レベルの大規模な欠失（メガ塩基対レベル）も可能であるが，一般的に欠失の長さに依存して成功率が低くなる。このような場合は，欠失部位に薬剤耐性遺伝子の発現カセットをノックインし，ポジティブセレクションによって大規模欠失細胞をクローン化する方法が有効である[4-4]。この方法を利用して，理化学研究所の内匠 透らは，ゲノム編集によって精神遅延と神経発達障害と相関する**コピー数多型**（**CNV**：copy number variations）をマウス ES 細胞において欠失させることに成功した[4-5]。また，異なる染色体を同時に切断することによって，がん細胞で見られる転座が再現されている[4-5]。

4.2　哺乳類培養細胞での遺伝子ノックイン

培養細胞での遺伝子ノックインは，これまで HR 修復を利用した遺伝子ターゲティング法によって行われていた。ドナーベクターには，数キロ塩基対〜 10 キロ塩基対長からなるゲノムとの相同配列（**ホモロジーアーム**）が必要となるが，この構築には多大な労力が必要であった。加えて，細胞増殖

4章　哺乳類培養細胞でのゲノム編集

活性の低い細胞や HR 修復活性の低い細胞種では，ノックイン細胞をクローン化することは多くの場合困難であった。HR 修復活性の低い細胞株を使って，数千個の細胞を単離してノックイン細胞をクローン化したという話を聞いたことがあるが，小規模の研究室では非現実的な戦略である。そのため，ノックイン細胞のクローン化には，目的遺伝子と同時に薬剤耐性遺伝子の発現カセットを挿入し，薬剤耐性を獲得した細胞として選択するのが一般的である（**正の選択：ポジティブセレクション**）（図 4.3a）。薬剤耐性遺伝子の代わりに蛍光タンパク質遺伝子を挿入し，蛍光を発する細胞をフローサイトメーター（flow cytometer）によって選択する方法も有効である。

　ゲノム編集を用いた培養細胞での遺伝子ノックインは，主に HR 修復を介した方法を中心に進められてきた。ゲノム編集ツールによる標的遺伝子の切断によって，HR 活性が上昇し，既存の方法（切断しない方法）ではノック

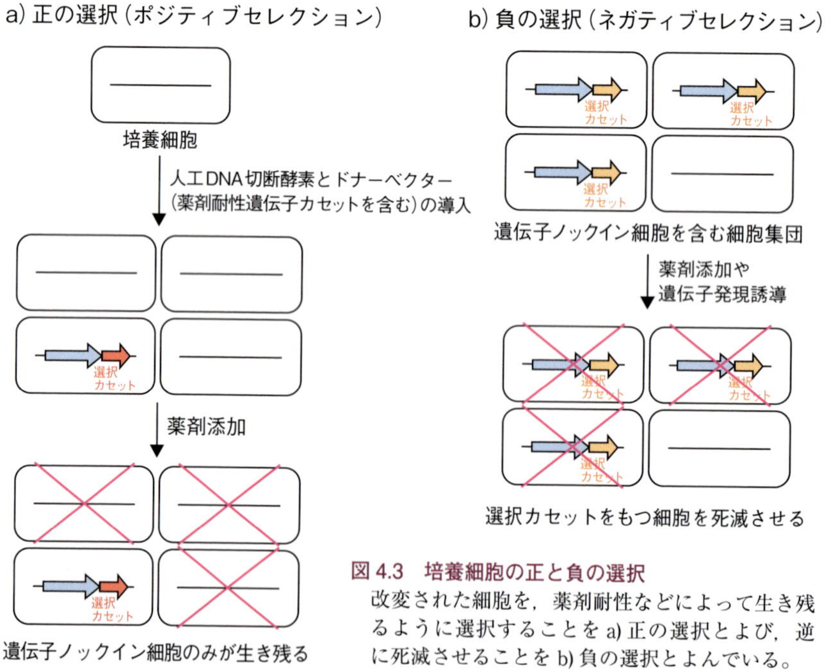

図 4.3　培養細胞の正と負の選択
改変された細胞を，薬剤耐性などによって生き残るように選択することを a) 正の選択とよび，逆に死滅させることを b) 負の選択とよんでいる。

4.2 哺乳類培養細胞での遺伝子ノックイン

インが難しかった多くの細胞種において成功例が報告された。これにポジティブセレクションを加えることによって，効率的にノックイン細胞をクローン化することができるようになった。ES 細胞においては，ノックインが困難であった遺伝子座についてもゲノム編集を利用することで遺伝子ノックインが可能になったケースもある。

また，ゲノム編集を用いた HR 修復を介したノックインでは，ドナーベクターのホモロジーアームの長さを 500 〜 1 キロ塩基対程度まで短縮が可能となり，煩雑だったドナーベクターの構築が簡略化された。例えば，ヒト大腸がん由来細胞の HCT116 細胞へ，ゲノム編集ツールの発現ベクターと HR 修復用ドナーベクター（薬剤選択カセットを有する）をリポフェクション法

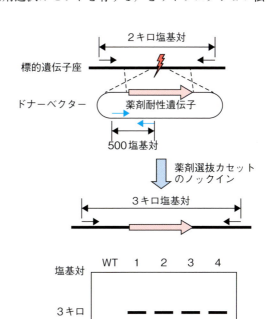

図 4.4　培養細胞での簡便な遺伝子ターゲティング
培養細胞において標的遺伝子を破壊するために，ゲノム編集ツールと HR 修復用ドナーベクターを共導入する方法が利用できる。この方法で，薬剤耐性遺伝子の発現カセットを導入し，改変アレルを PCR で容易に検出可能である。また，NHEJ 修復によってランダムインテグレーションされた場合は，プラスミドのバックボーンの配列も導入されるので，HR 修復での挿入と区別することができる。

で共導入し，薬剤選択によってノックイン細胞を容易に得ることができる（図4.4）。図4.4のような実験では，解析した5クローンのすべてにおいて，片方アレルに薬剤耐性遺伝子の挿入が見られ，このうち2クローンについては両アレルへのノックインが成功している。同じ方法を利用した遺伝子ノックインによって複数の遺伝子破壊が報告されている[4-6]。この方法は簡便であるが，目的とは異なる箇所にドナーベクターがNHEJ修復を介して挿入されること（ランダムインテグレーション）もあり，注意が必要である。ランダムインテグレーションの場合は，ベクターが丸ごとノックインされるので，ベクター配列を指標としてランダムインテグレーションの起こった細胞を除外することが必須となる。一方，倍数性の高い細胞での全アレルへのノックインや，分裂活性の低い初代培養細胞などでのノックインについては，ゲノム編集を利用しても依然として簡単ではない。

　高いノックイン効率と修復の正確さの両方を兼ね備えた方法として，MMEJを利用した**PITCh**（precise integration into target chromosome）法が開発されている[4-7]。8〜40塩基対の相同配列を介したPITCh法によって，複数の細胞株で高効率かつ正確なレポーター遺伝子の挿入が報告されている。この方法はドナーベクターの構築が簡便であることに加え，ノックイン効率が高いので，ポジティブセレクションをすることなくノックイン細胞

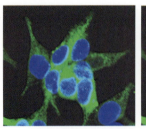 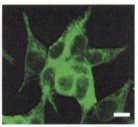

CANXタンパク質（緑色蛍光）　　CANXタンパク質（緑色蛍光）
＋核（青色蛍光）

図4.5　PITCh法による内在遺伝子座へのレポーター遺伝子ノックイン
　　PITCh法を用いて，HEK293T細胞のCANX遺伝子座（小胞体局在タンパク質遺伝子）へ蛍光レポーター遺伝子のmNeonGreen遺伝子を挿入して蛍光観察を行った。DAPI染色によって青色蛍光が核に（左写真），Canxタンパク質の緑色蛍光が小胞体に検出される（左写真と右写真）。白いバーは10 μm。

4.3 哺乳類培養細胞での一塩基レベルの改変

をクローン化できる。筆者らのグループは、PITCh 法を用いて複数の標的遺伝子に対して平均 30% 以上の細胞でのノックイン効率を確認している（図4.5）。同様の方法によって、転写因子のクロマチン免疫沈降（ChIP）解析用のタグ配列の挿入においても、PITCh 法が有効であることが報告されている[4-8]。

　正確性の高い遺伝子ノックインを目指す場合は HR 修復や MMEJ 修復などの HDR（homology-directed repair）を介した方法が推奨されるが、単に目的の箇所に発現カセットを挿入するのであれば、NHEJ 修復を介した方法も有効である。NHEJ 修復は真核細胞において高い活性が見られるので、連結部分の indel 変異が入るものの、培養細胞の標的箇所へ効率的に遺伝子ノックインができる。NHEJ 修復を利用することから、複数コピーが挿入されることもあるので、挿入後のコピー数が実験に影響を与える場合には確認が必要である。一方、HITI（homology-independent targeted integration）法は、NHEJ 修復を介した高効率なノックイン法であり（図 3.10 b 参照）[4-9]、この方法によって神経細胞などの非分裂細胞（HR 修復活性が期待できない細胞）での遺伝子ノックインが期待されている。

　上述の培養細胞での遺伝子ノックインについては、基本的にドナーベクターを利用するため、挿入できる塩基配列の長さには限界がある。ドナーベクターの構築やトランスフェクション効率を考えると、小〜中規模のサイズの DNA（〜数十キロ塩基対程度）が可能と思われる。挿入する DNA のサイズが大きくなるに従って、ノックイン効率が低くなることも経験的に知られている。

4.3　哺乳類培養細胞での一塩基レベルの改変

　培養細胞における小〜中程度のサイズのノックイン法が確立される一方、一塩基レベルの改変や短いタグの挿入などの精密なゲノム編集については未だ大きな課題がある（図 4.6）。正確な改変としては、一本鎖オリゴ DNA（ssODN：single-stranded oligodeoxynucleotides）を鋳型とした一本鎖鋳型

4章 哺乳類培養細胞でのゲノム編集

a) 目的の変異のみをもつssODNを利用した方法

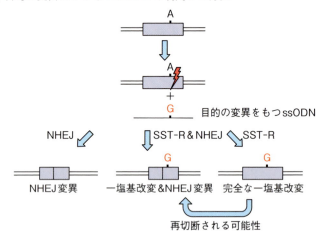

b) 目的の変異と再切断を抑制する変異をもつssODNを利用した方法

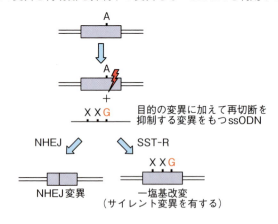

図4.6 選択非依存的な塩基改変法
a) ssODNを用いた方法では，SST-Rによって目的の塩基置換とNHEJによるindel変異の両方が起こる可能性がある。また，完全な一塩基置換が起きた場合も，その後に再切断が起きてindel変異が導入されることがある。
b) 再切断を防ぐために，ssODN中に再切断を抑制する変異（この場合X）を導入することよって，目的の一塩基改変を誘導した細胞を得ることが可能となる。

4.3　哺乳類培養細胞での一塩基レベルの改変

修復（SST-R：single-strand template-repair）を介した遺伝子ノックイン法（図 3.9c 参照）[4-10] が，ドナーベクターの構築を必要としない簡便な方法であることから，各分野から大きく期待されている。しかしながら，この方法を使った培養細胞での成功率は，現状では予想以上に低い。この方法の問題点として，第一に培養細胞の核への ssODN の導入効率が低いことが挙げられる。そのため，ssODN を用いた実験であれば，少しでも高い効率が得られるエレクトロポレーション法での導入（トランスフェクション）が推奨される。

　第二の問題は，SST-R 修復後，改変アレルの再切断が起こることである（図 4.6a）。目的の塩基改変後に標的配列が残っていると，ゲノム編集ツールによって再切断されてしまい，そこに NHEJ エラーによる欠失変異がしばしば導入される。理想的には，目的の塩基改変によってゲノム編集ツールの再切断が起こらない標的配列を選択することであるが，一塩基の改変によってゲノム編集ツールによる切断を回避することは，多くの場合難しい（CRISPR-Cas9 の場合，PAM に近い標的配列であれば，一塩基置換でsgRNA の再切断を避けることは可能である）。その場合，コード領域のアミノ酸改変が目的であれば，同義変異が同時に導入されるように ssODN を設計しておくことも可能である。

　第三の問題は，塩基改変した細胞をポジティブセレクションによって選択することが難しいことである。この場合，別のプラスミドとして薬剤耐性遺伝子発現ベクターを共導入し，遺伝子導入できていない細胞を排除することで，改変細胞を濃縮することが有効な場合がある。

実験法 4.2　デジタル PCR

　PCR（polymerase chain reaction）法は，微量の核酸を増幅して検出する方法で，分子生物学の基本技術として定着している。PCR では，増幅したい領域を挟む短い DNA 配列（プライマー）セットと耐熱性 DNA ポリメラーゼを使って，*in vitro* で DNA を複製・増幅する。一般的な PCR 法では，増幅後

のPCR産物を電気泳動などによって検出するが，増幅量には限界があり定量的な解析には不向きである。この問題を解決するために開発されたのがリアルタイムPCRである。リアルタイムPCRは，増幅過程のPCR産物を蛍光物質によってモニターしていく優れた方法であり，複数の試料間で相対量の比較が可能である。

さらに開発された**デジタルPCR**は，これまで難しかった，試料中に含まれる核酸の分子数の定量が可能な技術である(図4.7)。この方法では，PCRの反応液を多くの分画に分け，PCR産物が検出された分画の数をカウントすることによって分子数を調べる。デジタルPCRでは，対照（コントロール）となる試料を準備する必要がなく，絶対的な定量解析が可能である。

図4.7　デジタルPCRの原理
通常PCRでは，溶液中の複数の鋳型核酸に対して増幅を行うが，デジタルPCRでは，溶液を区分に分け，鋳型が1分子ずつ入るように調整する。それぞれの区画でPCRを行うことによって，増幅が起こった区画数をカウントすることで，鋳型の数を調べることができる。

いずれの工夫によっても改変細胞が得られない場合は，改変された塩基をデジタルPCRによって検出・濃縮し，クローン化する方法が有効である[4-11] (実験法4.2参照)。さらに最近，デアミナーゼを利用したDSBを介さない方法での一塩基改変も可能となっており，培養細胞での一塩基改変も効率化が図られている(6章3節を参照)。

転写調節領域などの改変では，再切断を防ぐための付加的な変異そのものが新たな変異となる可能性がある。このよう場合は，薬剤選択を介した塩基置換法が有効である(図4.8)。薬剤選択を介した方法では，改変したい標的塩基の近傍に薬剤選択カセットを挿入することによって，コード領域や非

4.3 哺乳類培養細胞での一塩基レベルの改変

a) piggyBacトランスポザーゼを用いた方法

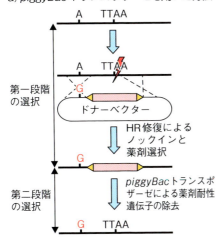

b) ゲノム編集ツールを用いた方法

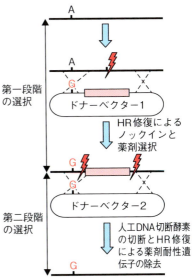

c) Creレコンビナーゼを用いた方法

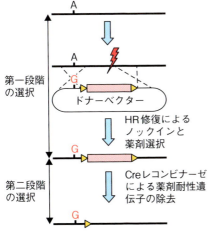

図4.8 選択依存的な塩基置換法
a) piggyBacトランスポザーゼの認識配列である5'-TTAA-3'の部分をゲノム編集ツールによって切断し、薬剤耐性遺伝子（ピンク色）をHR修復によって導入した細胞株を樹立する。その際に使うドナーベクターのホモロジーアームに目的の塩基置換（ここではAからG）を行うための改変を加えておく。その後、薬剤耐性遺伝子をpiggyBacトランスポザーゼの発現によって誘導し、元のTTAAの配列へ戻す。
b) 任意の標的配列に対してゲノム編集ツールによってDSBを誘導し、ドナーベクター1を用いてHR修復によって薬剤耐性遺伝子を導入する。その際、a) と同様に塩基置換を行う。その後、薬剤選択カセットの両端をゲノム編集ツールによって切断し、ドナーベクター2によって薬剤選択カセットを除去する。
c) Creレコンビナーゼの認識配列（loxP）を付加した薬剤耐性遺伝子を、ゲノム編集ツールとドナーベクターを用いて任意の標的配列へ導入する。その際、a) と同様に塩基置換を行う。その後、Creレコンビナーゼの発現によって、薬剤耐性遺伝子を除去するが、1つのloxPサイトが残る。

コード領域を区別することなく一塩基のみの改変を行うことが可能である。

　ウェルカムトラスト・サンガー研究所の遊佐宏介らは，*piggyBac* トランスポザーゼと薬剤選択カセットの除去を利用した2段階の選択によって，一塩基のみを改変する方法を開発した[4-12]。この方法は，改変したい塩基の近傍に *piggyBac* トランスポザーゼが認識する配列（5´-TTAA-3´）が存在する場合にのみ有効である。具体的には，第1段階のゲノム編集の遺伝子ノックインによって，*piggyBac* トランスポザーゼの認識配列を両側に付加した薬剤選択カセットをノックインし，その際に利用するドナーベクターによって目的の塩基改変を行った薬剤耐性のクローンを得る。このクローンを第2段階において，*piggyBac* トランスポザーゼの活性によって薬剤選択カセットを除去し，5´-TTAA-3´ の配列に戻す（図 4.8a）。広島大学の落合 博らは *piggyBac* トランスポザーゼの代わりに，複数のゲノム編集ツールを利用することによって薬剤選択カセットを除去する2段階選択法を開発した（図 4.8b）[4-13]。この方法の最大のメリットは，任意の箇所での一塩基改変を行うことができることである。いずれの方法においても，うまく選択カセットが除去できない細胞は，**負の選択**（ネガティブセレクション）（図 4.3b）によって死滅させることができる。遊佐らや落合らの方法以外では，Cre-loxP を利用した薬剤選択カセットを除去する方法によっても標的配列への一塩基レベルでの改変が可能である。しかしながら，Cre-loxP での改変は，目的の改変以外に1つの loxP 部位が残り，完全とは言えない（図 4.8c）。この他，京都大学 iPS 細胞研究所のウォルツェン（Knut Woltjen）らによって最近開発された MMEJ を介した MhAX 法[4-14]も一塩基改変の新しい技術として期待されている。

　以上のように，ssODN を利用した方法によって培養細胞で簡便に塩基レベルの正確な改変を効率的に行うことは，現状では難しい。細胞種によってどの方法が最適かを考えながら，トライアンドエラーで遺伝子改変の効率化を図るしかない。標的の遺伝子座によっても，改変効率が異なる場合や，CRISPR-Cas9 であれば sgRNA の違いによって切断活性が異なる可能性もあるので，これらの点も念頭において実験計画を立てる必要がある。

5章 様々な生物でのゲノム編集

本章では，微生物，動物や植物の個体レベルにおけるゲノム編集について，ツールの導入方法や可能な遺伝子改変について具体的に紹介する。ゲノム編集技術は変異体作製の強力な技術であるが，生物種によって導入法や有効なゲノム編集法が異なる。また，哺乳類培養細胞で簡単であったゲノム編集法が，生物個体では難しい場合や，逆に培養細胞で難しかったゲノム編集手法が個体レベルでは可能なことがあるので，対象の生物それぞれにおいてどのような改変ができるのかを説明していく。

5.1 微生物でのゲノム編集

5.1.1 微生物へのゲノム編集技術の適用

微生物の遺伝子改変は，基礎研究だけでなく有用物質産生のための応用研究においても必要不可欠である。大腸菌や酵母などの**モデル微生物**においては，遺伝子改変技術はすでに確立しており，必ずしもゲノム編集を必要としていない。一方，**産業微生物**など研究者が少ない微生物種に関しては，標的の遺伝子を改変する方法が確立されていない場合が多く，ゲノム編集が微生物利用の新しい道を開く可能性が高い。

対象とする微生物で初めてゲノム編集を実施する場合，どのような点に注意すべきであろうか？ 微生物のゲノム編集では，①ゲノム編集ツールの導入法，②ゲノム編集ツールの転写と翻訳の効率化，③選択マーカーの利用，などの点に注意が必要である。

まず第一に，ゲノム編集ツールを導入する方法が対象の微生物で確立して

5章　様々な生物でのゲノム編集

いるかどうかが重要である。プラスミドベクターとしてゲノム編集ツールを
その微生物に効率よく導入できれば，当然改変効率は高まる。微生物ごとに
最適な導入法は異なるが，近年はエレクトロポレーションによる遺伝子導入
が様々な微生物で成功している。

　第二に，発現ベクターとして導入した DNA の転写と翻訳を菌内で効率的
に行わせる必要がある。ゲノム編集ツールの高い発現は改変効率に直結する
ので強いプロモーターの利用が望まれるが，種によっては毒性を示すことが
あるので注意が必要である。CRISPR-Cas9 では，一本鎖ガイド RNA(sgRNA
: single-guide RNA）の発現も重要なポイントとなる。短鎖 RNA を発現さ
せるプロモーターを，対象の微生物で同定できればよいが，難しい場合は
CRISPR のリボ核タンパク質（RNP : ribonucleoprotein）を直接導入する方
法の検討も必要である。ゲノム編集ツールのヌクレアーゼの発現では，微生
物のコドン使用頻度を考慮して効率的に翻訳されるように改良しておくこと
も重要である。

　第三に，培養細胞と同様に，目的の改変ができた菌体を効率よく選択する
ことが重要である。改変効率が非常に高い場合は選択は必要ないが，多くの
場合，微生物でのゲノム編集では薬剤耐性遺伝子などの選択マーカー遺伝子
による選択が有効である。

5.1.2　様々な微生物でのゲノム編集

　大腸菌を代表とする細菌の遺伝子改変は，相同組換え（HR : homologous
recombination）修復を基盤とした遺伝子ターゲティング法で行われてきた。
遺伝子ターゲティングは，動物や植物では限られた生物種でのみ可能である
が，細菌では HR 修復を介した方法が中心である。これは，細菌が非相同末
端結合（NHEJ : non-homologous end-joining）修復システムを有していない
か，あるいは非常に活性が低いことが大きな理由である。細菌にゲノム編集
ツールのみを発現させると，多くの場合，DNA 二本鎖切断（DSB : double-
strand break）の修復ができないことによって死滅する。そのため，真核生
物のゲノム編集で利用されている NHEJ 修復エラーを介した indel（インデ

5.1 微生物でのゲノム編集

ル：短い欠失・挿入）変異導入は，細菌の遺伝子ノックアウトで利用することは基本的に難しい。HR 修復活性を有する細菌においても，その活性の低い細菌種については，ゲノム編集ツールによる切断によって遺伝子ターゲティング効率を上昇させる効果が期待できる。

　また，内在の CRISPR システムを利用して indel 変異や点変異を導入する方法が，古細菌の一種のスルフォロブス属細菌や真正細菌のクロストリジウム属細菌で開発されている。リー（Yingjun Li）らは，標的遺伝子をターゲットするための crRNA 発現カセットベクターを *Sulfolobus islandicus* に導入し，内在のタイプ I あるいはタイプ III の CRISPR システムを利用して標的配列を切断した（図 5.1）[5-1]。切断されたままであると細菌は，NHEJ 修復活性をもたないので死滅してしまうが，crRNA 発現ベクターに HR 修復用の鋳型を入れることによって，HR 修復によって indel や点変異を正確に導入することが可能である。しかしながら，内在の CRISPR システムを利用する場合には，利用できるプロトスペーサー隣接モチーフ（PAM：protospacer adjacent motif）をゲノム中で推測することが必須となる。

　真菌のうち一般にカビとよばれる糸状菌では，TALEN や CRISPR を利用したゲノム編集が報告されている。糸状菌では，内在の NHEJ 修復活性が高いことが知られており，既存の遺伝子ターゲティングでの変異体作製法は効率の面で問題があった。東京理科大学の荒添貴之らは，イネいもち病菌 *Pyricularia oryzae* で，TALEN を効率的に発現させるためコドン頻度を最適化した **Platinum-Fungal TALEN**（**PtFg TALEN**）**システム**や CRISPR-Cas9 システムを開発し，これを用いた HR 修復の遺伝子ノックインを成功させた[5-2]。PtFg TALEN を用いた NHEJ 修復エラーを利用した indel 変異導入について，ニホンコウジカビ（*Aspergillus oryzae*）を用いた研究も報告されている[5-3]。ニホンコウジカビでは，NHEJ 修復エラーによって，動植物でみられる短い indel 変異に比べて 1 キロ塩基対以上の大きな欠失が誘導されることが示され，NHEJ 修復過程に利用される LigD 変異体では大きな欠失が抑制されることが報告された[5-4]。

　糸状菌以外の真菌では，酵母やキノコにおいてゲノム編集が成功してい

5

様々な生物でのゲノム編集

67

5章　様々な生物でのゲノム編集

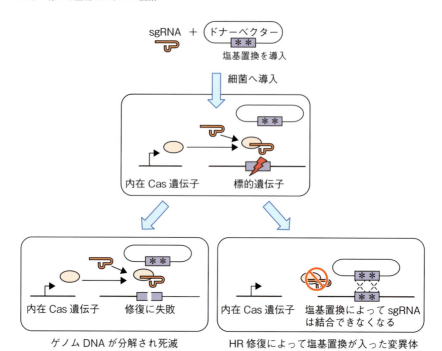

図5.1　微生物での内在CRISPRを利用した遺伝子改変
細菌の内在Casタンパク質を利用した方法で，sgRNAと改変用のドナーベクターを共導入することによって，切断後のHR修復が起こった細胞のみを選択できる。細菌の多くはNHEJ修復活性がないので，HRに失敗した細胞は死滅する。

る。酵母では出芽酵母において，CRISPR-Cas9での遺伝子改変が実証されている[5-5]。出芽酵母は，HR修復活性が高いことから，ゲノム編集のニーズは高いとは言えない。しかし，ゲノム編集を利用すれば，複数の同時遺伝子改変を効率的に実行可能であり，利用価値が高いと考えられる。キノコでは，徳島大学の刑部敬史らのグループがウシグソヒトヨタケ *Coprinopsis cinerea* でのゲノム編集を最近報告した[5-6]。

微細藻類は，エネルギー問題を解決するための光合成研究や，次世代のバイオ燃料作出に向けた産業研究に注目される微生物である。ゲノム編集によって微細藻類でのゲノム編集による成功例が報告されつつある（表5.1）。

5.1 微生物でのゲノム編集

表 5.1 微細藻類でのゲノム編集の成功例

生物種	ゲノム編集ツール	導入方法	編集方法	文献
Chlamydomonas reinhardtii （クラミドモナス）	ZFN （プラスミド DNA）	ガラスビーズと PEGを用いた方法	NHEJ 修復エラーで の indel 変異。 HR 修復での FLAG タグ挿入。	5-7)
	CRISPR-Cas9 （RNP）	エレクトロポレー ション法	NHEJ 修復エラーで の indel 変異。 NHEJ 修復での挿入。	5-8)
Phaeodactylum tricornutum （フェオダクチラム）	メガヌクレアーゼ （プラスミド DNA） TALEN （プラスミド DNA）	パーティクルガン 法	NHEJ 修復エラーで の欠失変異。 HR 修復での遺伝子 挿入。	5-9)
	CRISPR-Cas9 （プラスミド DNA）	パーティクルガン 法	NHEJ 修復エラーで の indel 変異。	5-10)
Nannochloropsis gaditana （ナンノクロロプシス）	sgRNA （プラスミド DNA）	エレクトロポレー ション法	HR 修復での遺伝子 挿入。 （Cas9 の恒常発現 株を利用）	5-11)
Nannochloropsis oceanica （ナンノクロロプシス）	CRISPR-Cas9 （プラスミド DNA）	エレクトロポレー ション法	NHEJ 修復エラーで の欠失変異。	5-12)

2013 年，ZFN を用いてクラミドモナス（*Chlamydomonas*）においてマー
カー遺伝子の HR 修復によるノックインに成功した（改変効率 1％）[5-7]。ク
ラミドモナスにおいては，2016 年に CRISPR-Cas9 の RNP 導入による効率
的な indel 変異導入が示され，実用レベルの技術と考えられる。この研究では，
RNP を利用した改変であり，作製された変異体が遺伝子組換え体に当たら
ない可能性もある。

　TALEN を用いたゲノム編集によって，フェオダクチラム
（*Phaeodactylum*）での indel 変異導入に成功し，UDP- グルコースピロホス
ホリラーゼの破壊によって，トリアセチルグリセロール（TAG）の蓄積量
を 45 倍に増加させることに成功している[5-9]。最近では，バイオ燃料産生研
究に利用されているナンノクロロプシス（*Nannochloropsis*）において，油
脂含有量のコントロールに関係する転写調節因子の遺伝子を CRISPR-Cas9

69

5章　様々な生物でのゲノム編集

によって改変する研究が報告された[5-11]。

　脊椎動物の赤血球に寄生するマラリア原虫やトリパノソーマなど原生生物において は，ZFN をはじめとしたゲノム編集ツールによる標的遺伝子改変が，他の微生物に比べると早い時期から進められてきた。主に NHEJ 修復エラーによる遺伝子ノックアウトおよび HR 修復を介した遺伝子ノックインの成功例が示されている。興味深いことに，一本鎖オリゴ DNA（ssODN：single-stranded oligodeoxynucleotides）を利用した一本鎖鋳型修復（SST-R：single-strand template-repair）での改変も成功しており，原生動物では，比較的幅広いゲノム編集技術が利用可能である。

5.2　動物でのゲノム編集

5.2.1　ゲノム編集以前の動物改変技術

　動物における標的遺伝子の改変は，これまで限られたモデル生物でのみ可能な技術であったことを本書では繰り返し述べてきた。遺伝学的な解析が可能な動物（次世代での変異体解析が可能な動物）では，ランダムミュータジェネシス（1 章 2 節を参照）による突然変異体作製が進められてきたが，狙って遺伝子改変が可能であったのはマウスのみだったと言ってもよい。マウスの ES 細胞は生殖細胞への分化効率が高く，後述の ES 細胞での HR 修復を介した遺伝子ターゲティング法が確立していた。しかし，遺伝子ターゲティングはもちろんランダムミュータジェネシスによる変異体作製も難しい動物種においては，受精卵へ mRNA として導入する過剰発現，あるいはアンチセンスオリゴヌクレオチドの導入や RNA 干渉（RNAi：RNA interference）による遺伝子ノックダウンが，主な遺伝子機能の解析手法となっていた。

　ゲノム編集以前の，外来遺伝子を染色体中にランダムに挿入する技術としては，トランスジェニック技術が挙げられる（図 5.2）。トランスジェニック技術は，昆虫，ウニ，ホヤ，小型魚，マウスなど様々な動物でその技術が確立している。基本的には，受精卵に発現カセットの DNA をマイクロインジェクションすることによって，発現カセットをゲノム中へランダムに組み

70

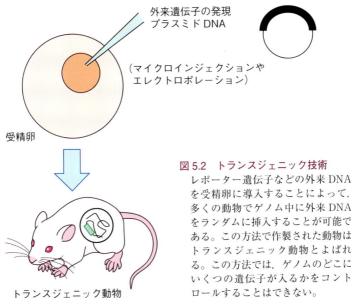

図 5.2　トランスジェニック技術
レポーター遺伝子などの外来 DNA を受精卵に導入することによって，多くの動物でゲノム中に外来 DNA をランダムに挿入することが可能である。この方法で作製された動物はトランスジェニック動物とよばれる。この方法では，ゲノムのどこにいくつの遺伝子が入るかをコントロールすることはできない。

込み，発現カセット中のプロモーターに依存して発現させることができる。この方法を利用すると特定の細胞種でGFP遺伝子を発現させることが可能である。例えば，目のレンズ細胞で特異的に発現する遺伝子のプロモーターにGFP遺伝子を連結した発現カセットをカエル受精卵に導入し，目が光るトランスジェニックカエルを作製することができる。トランスジェニック技術は，狙った遺伝子座へのノックインはできないが，この方法を利用することで遺伝子産物の過剰発現の影響や，変異体の発現による阻害効果から遺伝子機能を推測することができる。

　ゲノム編集以前のHR修復を介した遺伝子ノックインは，マウスでの**胚性幹細胞（ES細胞）**を介した遺伝子ターゲティングに利用されてきた（図 5.3）。マウスES細胞へドナーベクターを導入することによって，標的遺伝子へ外来遺伝子と薬剤耐性遺伝子の発現カセットを組み込んだES細胞を作製・選択し，このノックイン細胞を利用して遺伝子ノックアウトマウスが作製されている。マウスは，標的遺伝子へ挿入したレポーター遺伝子の発現をモニター

5章　様々な生物でのゲノム編集

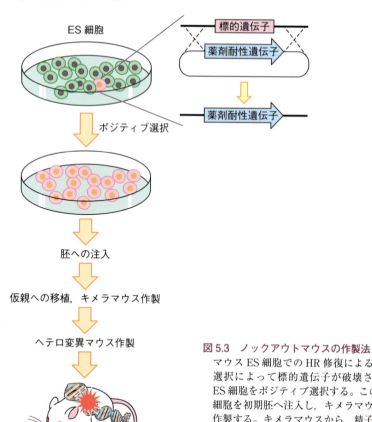

図5.3　ノックアウトマウスの作製法
マウスES細胞でのHR修復による薬剤選択によって標的遺伝子が破壊されたES細胞をポジティブ選択する。このES細胞を初期胚へ注入し、キメラマウスを作製する。キメラマウスから、精子や卵を得ることによって、ヘテロ変異マウスを作製し、さらにノックアウトマウス（ホモ変異体）を作製することができる。

することや、条件的（組織や器官特異的）に遺伝子破壊することが可能な数少ない動物として位置づけられていた。ラットにおいては、ES細胞を利用した遺伝子ターゲティングは可能であるが、汎用技術とはなっていない。その他の動物種では、ES細胞を介した遺伝子ノックイン個体の作製が困難であったため、受精卵でのHR修復を介した方法が試みられてきた。しかしながら、受精卵でのHR修復活性は低く、受精卵へのドナーベクターの挿入による正確な遺伝子ノックインはほとんど成功していなかった。

5.2.2 動物でのゲノム編集による遺伝子ノックアウト

動物種を選ばないゲノム編集技術は，多くの動物研究者にとって革新的な技術であることは言うまでもない。ノックダウンでしか遺伝子の機能解析ができなかった動物はもちろん，マウスにおいてもゲノム編集が主流となってきている。おそらく，この技術を使わないで最先端の研究を進めることは，今後は難しいであろう。

動物でのゲノム編集は，一般に受精卵へゲノム編集ツールを導入することによって行う（図 5.4）。遺伝子ノックアウトが目的であれば，ゲノム編集ツールのみを導入し，遺伝子ノックインであれば，ゲノム編集ツールに加えてドナー DNA を共導入する。動物でのゲノム編集は，ZFN を用いてショウジョウバエ，ゼブラフィッシュ，マウスやラットなどのモデル動物におい

a) 遺伝子ノックアウト　　　　　b) 遺伝子ノックイン

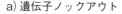

ノックアウト動物　　　　　　　ノックイン動物

図 5.4　ゲノム編集動物の作製法
a) 遺伝子ノックアウト個体の作製法は，ゲノム編集ツールを導入することによって可能である。
b) 遺伝子ノックイン個体の作製には，ゲノム編集ツールに加えて，ドナーベクターなどの外来 DNA の共導入が必要である。

て，変異導入の成功例が報告された。国内では，ZFN を用いて大阪大学の真下知士らのグループが免疫不全ラットの作製に成功し[5-13]，筆者らのグループが棘皮動物のウニにおいて遺伝子破壊を 2010 年に報告した[5-14]。受精卵へ ZFN mRNA をマイクロインジェクションによって導入し，発生過程の胚を回収し，ゲノム中の標的配列を調べると，様々なタイプの置換・欠失・挿入が検出された（図 5.5）。

　受精卵へ導入された mRNA は，初期発生の過程で翻訳され，ゲノム編集ツールは標的遺伝子を切断する。切断後の修復過程において，うまくフレームシフトを起こせば，遺伝子が破壊された細胞が生まれる。しかしながら，ZFN での遺伝子破壊では，変異導入のタイミングが遅く変異がモザイク状に入る傾向がみられた。そのため次世代を得られない動物種では，完全なノックアウト個体を得ることが難しい状況であった。その後，2010 年に発表された TALEN によって遺伝子破壊が様々な動物において成功した。特に活性の高いプラチナ TALEN（Platinum TALEN）の作製がモジュールライブラリーを用いて可能になったことで，2012 年以降 国内ではプラチナ TALEN を用いた哺乳動物での高い効率のゲノム編集が報告された[5-15]。プラチナ TALEN を用いることによって，F0 世代で完全に遺伝子が破壊された個体の作製も動物種によっては可能となっている。

　さらに CRISPR-Cas9 の開発は，動物でのゲノム編集に大きな改革をもたらした。2013 年，マサチューセッツ工科大学（MIT）とハーバード大学のブロード研究所のツァン（Feng Zhang）と MIT のヤーニッシュ（Rudolf Jaenisch）らのグループによって CRISPR-Cas9 によるワンステップでのダブルノックアウトマウス作製が報告され[5-16]，状況は大きく変わった。この方法は，ES 細胞を介したノックアウトマウス作製を基本としていた研究者に大きなインパクトを与えた。これまで半年から 1 年はかかっていたノックアウトマウスの作製が，うまく変異導入ができれば 1 か月から数か月でできてしまうのである。ZFN や TALEN でも可能ではあったが，作製のコストなどを考えたときに，CRISPR の sgRNA と Cas9 mRNA を *in vitro* 転写してマイクロインジェクションをする方法は非常に安価である。2013 年は，

5.2 動物でのゲノム編集

a) ウニ *HesC* 遺伝子の構造と ZFN の標的配列

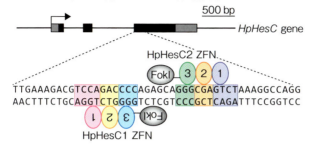

b) ウニ *HesC* 遺伝子の構造と ZFN の標的配列

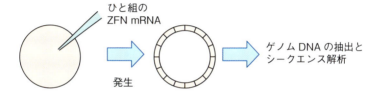

c) ZFN によって導入された様々な indel 変異

```
置換       標的配列1        標的配列2
GAAAGACGTCCAGACCCCAGAGCAGGGCGAGTCTAAAGGCCA
GAAAGACGTCCAGACTCCAGAGCAGGGCGAGTCTAAAGGCCA
GAAAGACGTCCAGACCCCCGTCCAGGGCGAGTCTAAAGGCCA
欠失
GAAAGACGTCCAGACCCCAGAGCAGGGCGAGTCTAAAGGCCA
GAAAGACGTCCAGACCCCAG--CAGGGCGAGTCTAAAGGCCA
GAAAGACGTCCAGACCCCG----AGGGCGAGTCTAAAGGCCA
GAAAGACGTCCAGACCCC-----AGGGCGAGTCTAAAGGCCA
GAAAGACGTCCAGA-------GCAGGGCGAGTCTAAAGGCCA
GAAAGACGTCCAGACCCCA----------AGTCTAAAGGCCA
GAAAGACGTCCAGACCCGA-------------CTAAAGGCCA
挿入
GAAAGACGTCCAGACCCAGAGC----AGGGCGAGTCTAAAG
GAAAGACGTCCAGACCCCAGAGCGAGCAGGGCGAGTCTAAAG
```

図 5.5　ウニ胚における indel 変異導入
　ウニ *HesC* 遺伝子を切断する ZFN mRNA を作製し，受精卵へ顕微注入後，胚の標的配列を解析したところ，欠失や挿入などの indel 変異が検出された．

5章　様々な生物でのゲノム編集

CRISPR によって様々な動物種での遺伝子改変が競って進められる年となり，この年の夏，Science 誌では「The CRISPR craze（クリスパー大流行）」という記事が掲載された[5-17]。CRISPR-Cas9 の開発によって，さらに多くの動物での遺伝子ノックアウトの成功が報告されている。

　動物でのゲノム編集は，これまで編集ツールの発現カセット DNA や mRNA として導入するのが一般的であったが，最近は CRISPR-Cas9 の RNP の導入が主流となりつつある。Cas9 タンパク質の価格が下がり，sgRNA と混合して導入する方法は非常に簡便である。さらに sgRNA の代わりに，細菌が本来利用している crRNA と tracrRNA を使った方法も可能である[5-18]。この方法は**クローニングフリーゲノム編集**とよばれ，crRNA と tracrRNA を化学合成で作製可能であり，もはや大腸菌での分子クローニング技術を必要としない。加えて，RNP をエレクトロポレーションで導入することによって，高効率な indel 変異導入が可能なことがマウスやラットで報告されている。今後は遺伝子ノックアウトであればマイクロインジェクション技術を使わないゲノム編集が中心になる可能性がある。

　動物種によっては，受精卵へのインジェクションやエレクトロポレーションが難しい場合がある。卵が非常に大きい場合は，大量のゲノム編集ツールが必要となり，受精卵への導入は現実的ではない。このような場合，いくつかの代替え方法が考えられる。例えばニワトリの卵にはインジェクションできないので，**始原生殖細胞**（PGC：primordial germ cell）へ導入する方法が開発されている。ニワトリの PGC は血中に入り生殖巣へ移動するので，移動中の PGC を単離してゲノム編集ツールの導入後に胚へ戻すことができる。あるいは，ニワトリでは初期胚へ直接導入することも可能である。

5.2.3　動物でのゲノム編集による遺伝子ノックイン

　ゲノム編集は，動物個体での遺伝子ノックアウトに加えて，遺伝子ノックインについての新しい道を開いてきた。これまで ES 細胞を介してマウスのみで可能であった標的遺伝子座への遺伝子ノックインが，ゲノム編集を使うことによって様々な動物個体で成功するようになってきた。ノックイン効

率は動物種によってばらつきがあるものの，DSB 修復時に鋳型となる DNA が存在することによって，受精卵内において HR 修復機構が働くと考えられる。

ゲノム編集ツールの mRNA とドナーベクターを受精卵へ共導入することによって，DSB 箇所へ GFP 遺伝子などの挿入が**概念実証**（POC：proof of concept）として行われ，複数の動物種で成功例が報告された（図 5.4b 参照）。筆者らのグループは，ウニ *Ets* **遺伝子**を特異的に切断する一組の ZFN mRNA を作製し，この mRNA と蛍光タンパク質遺伝子を含むドナーベクターをウニ受精卵へマイクロインジェクションすることによって，*Ets* 遺伝子が特異的に発現する小割球細胞での蛍光を観察した（図 5.6）[5-19]。この結果は，*Ets* 遺伝子の下流に蛍光遺伝子が挿入されたことによって，ノックインされた蛍光遺伝子が *Ets* 遺伝子と同じ制御によって発現していることを示している。マウス受精卵では，前述の CRISPR-Cas9 のクローニングフリーとの組み合わせによって，高効率のノックインが成功している（片アレルに 46%）[5-18]。しかしながら，様々な動物で汎用性の高い HR 修復でのノックイン法は未だ確立されていない。ゼブラフィッシュやカエルの受精卵では，HR 修復でのノックインの効率が低く，今後効率を上昇させるための改良が必要である。

HR 修復活性に依存しない方法として開発された遺伝子ノックイン法が動物の個体において適用されている。MMEJ 修復を介した **PITCh**（precise integration into target chromosome）**法**は，培養細胞だけでなく，動物受精卵においても効率的なノックインが可能である。これまでに，カイコ，ゼブラフィッシュ，アフリカツメガエル，マウスにおいて PITCh 法による遺伝子ノックインが報告されている（図 5.7）[5-20 ~ 22]。また最近では，**長鎖一本鎖 DNA**（long ssDNA：long single-strand DNA）を鋳型とする SST-R によって数キロ塩基対の遺伝子挿入も可能なことがマウスで示され，効率も高くなっている[5-23]。

ssODN を用いたゲノム編集は，培養細胞では難しい技術であったが，受精卵での一塩基改変は，動物種に依存するものの高効率で実用レベルである

5章　様々な生物でのゲノム編集

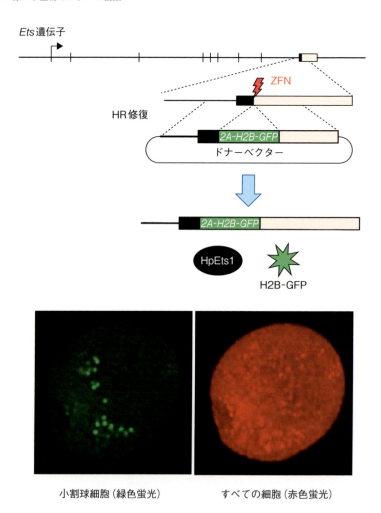

図 5.6　ウニ胚での蛍光遺伝子のノックイン
　ウニ Ets 遺伝子を切断する ZFN mRNA とドナーベクターを受精卵へ共導入すると，蛍光遺伝子（GFP 遺伝子）が HR 修復によって挿入され，受精後 48 時間に Ets 遺伝子が発現する細胞系譜（小割球細胞）での緑色蛍光が核において観察された。

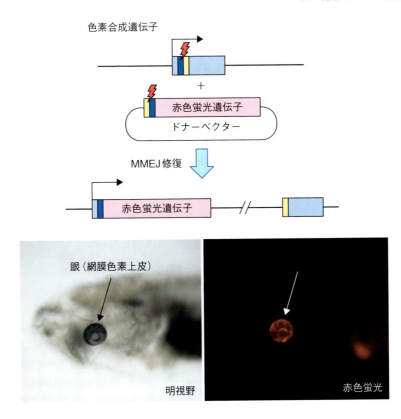

図 5.7　PITCh 法によるカエル胚での遺伝子ノックイン
カエル色素合成遺伝子を切断する CRISPR-Cas9 とドナーベクターをカエル受精卵へ共導入すると，赤色蛍光遺伝子（*RFP* 遺伝子）が MMEJ 修復によって挿入され，網膜色素上皮に赤色蛍光が観察された。
（写真提供：広島大学大学院理学研究科・鈴木賢一氏）

ことが報告されている。ssODN を鋳型とする SST-R 修復によって，ゼブラフィッシュ，マウスやラットでの一塩基置換やタグ配列の挿入が報告されている[5-24, 25]。これらの方法によって，ヒト遺伝性疾患の変異を導入したモデル動物の作製も急ピッチで進められている。ssODN を用いたゲノム編集によるコンディショナルノックアウトマウスの作製についても期待が大きい。2 か所を切断することによって，同時に loxP 部位を挿入する方法である。

5章　様々な生物でのゲノム編集

しかしながら，2か所切断による欠失が起こる場合が多く，この方法での2か所同時ノックインについては今後の改良が必要な状況である。

　上述の方法は，中程度のサイズの遺伝子ノックインが対象であるが，新しい技術によって非常に大きいサイズのDNAの挿入も可能となってきた。大阪大学の吉見一人ら（2016）は，ラットにおいて大きいサイズのDNA（約200キロ塩基対）を標的箇所へ挿入する技術 2-Hit-2-Oligo（2H2OP）法を開発している[5-26]。2H2OP法では，ゲノム編集ツールとドナーDNAと切断箇所をまたぐ2つのssODNを共導入することによって，SST-R修復を介して大きなサイズの外来遺伝子ノックインできる。吉見らは，この方法によって，**バクテリア人工染色体（BAC）**（コラム5.1参照）をヒト遺伝子座へノックインしたラットの作製に成功しており，今後，個体レベルでの大規模なサイズのDNAノックインについても，様々な方法を用いた成功例が出てくるものと期待される。

コラム5.1　バクテリア人工染色体（BAC）

　大腸菌のFプラスミドの複製分配に関与する遺伝子を組み込んだ環状の大腸菌プラスミドベクターを，**バクテリア人工染色体（BAC：bacterial artificial chromosome）**とよぶ。100〜300キロ塩基対の大きさのDNAを導入できる。ヒトゲノム計画において，ヒト染色体断片を網羅的に組み込んだBACライブラリーが利用され，様々な生物のゲノム解読においてBACライブラリーが作製された。

　人工染色体としては，**酵母人工染色体（YAC：yeast artificial chromosome）**や**ヒト人工染色体（HAC：human artificial chromosome）**なども開発されている。HACは，ヒト染色体のセントロメアとテロメアをもち，細胞中で安定的に保持される。また，導入サイズには制限がなく，複数の遺伝子座を含む領域を導入し，内在の遺伝子発現と同じ調節を受ける。鳥取大学の押村光雄や香月康宏らは，HACを用いることによってヒトに近い薬物代謝をもつ動物モデルの作製を進めている。

5.3 植物でのゲノム編集

5.3.1 植物でのゲノム編集による遺伝子ノックアウト

植物でのゲノム編集は，基礎研究のための遺伝子改変に加えて品種改良のための強力な技術となることから，様々な植物種（作物）において適用が進められてきた。ゲノム編集は，正確かつ短期間に目的の変異を有した植物の作出を可能とし，生産性の向上，病原細菌への耐性付加，農薬耐性の付加など，有用品種の作出技術としての利用が大きく期待されている。

植物細胞は細胞壁を有するため，植物のゲノム編集は動物のそれとは多くの点で異なる。特に遺伝子の導入法については，動物で可能なマイクロインジェクションが植物では基本的には使えない。そのため植物では，ゲノム編集ツールの発現カセットのDNAを，従来からの植物への遺伝子導入法を利用して導入し，発現カセットを有する**遺伝子組換え体**を作製するのが一般的である。ゲノム編集ツールの発現カセットの導入は，植物の遺伝子組換えで実績のある**アグロバクテリウム法**（図 5.8）が主に用いられる。導入された発現カセットは染色体に組み込み込まれ，そこからゲノム編集ツールを発現

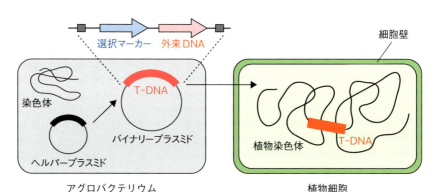

図 5.8 アグロバクテリウム法
バイナリープラスミドの T-DNA 中に外来遺伝子や選択マーカーを挿入し，このプラスミドを取り込んだアグロバクテリウムを作製する。アグロバクテリウムは，ヘルパープラスミドからの産物を利用して，植物細胞へ感染する際に T-DNA 領域を染色体へ挿入する。

5章　様々な生物でのゲノム編集

> ### コラム 5.2　花粉へのマイクロインジェクション法
>
> 　植物細胞へのマイクロインジェクションは基本的に難しいが，近年，レーザー熱膨張式マイクロインジェクションによって，植物細胞へマイクロインジェクションする方法が開発されている。この方法は，針の目詰まりを防ぐ工夫が施されており，微小な細胞や細胞小器官へのインジェクションも可能となる。名古屋大学の東山哲也らは，この方法を利用した遺伝子ノックダウンについてすでに報告しており[5-27]，今後は CRISPR-Cas9 の RNP の導入などが可能になるものと予想される。

させる。植物種によっては，アグロバクテリウムを植物体の一部器官に直接感染させる**アグロインフィルトレーション法**の利用も可能である。

　また，植物への遺伝子導入法として有名な**パーティクルガン法**もゲノム編集ツールの導入に有効である。発現カセットのプラスミド DNA を金粒子に付着させ，ヘリウムの高圧ガスによって細胞壁を通過させ金粒子とともに DNA を物理的に核へ導入する。この方法では，染色体中に発現カセットが組み込まれるが，挿入する発現カセットのコピー数は多くなる傾向がある。

　いずれの方法を利用した場合でも，発現したゲノム編集ツールは植物細胞内で標的配列へ DSB を誘導し，NHEJ 修復エラーによって indel 変異が導入される。一般に，アレルごとに様々な indel 変異が導入されるため，最終的には交配によって発現カセットを除き，有用な変異のみが導入された個体（**ヌルセグリガント**）を選抜する（図 5.9）。植物におけるゲノム編集研究は，ZFN を用いたシロイヌナズナでの変異導入が初めての報告であった[5-28]。さらに，TALEN による植物遺伝子ノックアウトが 2011 年以降，シロイヌナズナやタバコなどで報告されている[5-29]。

　理化学研究所の澤井　学らは，ジャガイモでの TALEN を用いたゲノム編集によって，芽に含まる毒性物質（ステロイドグルコアルカロイド：SGA）の合成に関わる *SSR2* 遺伝子のノックアウトに成功している[5-30]。ジャガイモは四倍体であり，4 アレルを同時に破壊できることを示した点でも興味深

5.3 植物でのゲノム編集

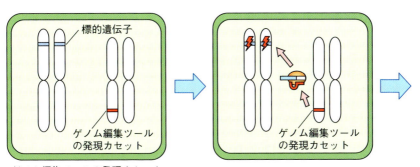

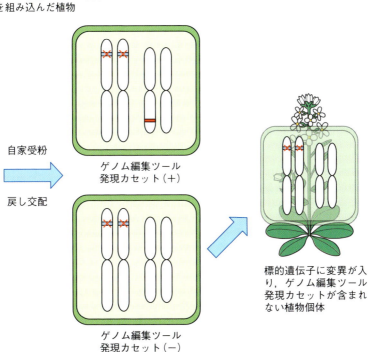

図 5.9　植物でのゲノム編集による遺伝子改変
植物のゲノム編集個体作製では，まずゲノム編集ツールの発現カセットを，アグロバクテリウム法などによって挿入した遺伝子組換え体を作製する。植物細胞内で発現したゲノム編集ツールは，標的遺伝子に indel 変異を導入する。この変異個体から，自家受粉や戻し交雑によってゲノム編集ツールの発現カセットを除去した個体を作製する。安本周平・村中俊哉『ゲノム編集入門』(山本 卓 編，裳華房) より改変して引用。

5章　様々な生物でのゲノム編集

い。この結果は，ゲノム編集が多倍体の作物種の品種改良にも有効な技術であることを示した点でも大きな意義がある。

　CRISPR-Cas9 を用いた植物の改変は，2013 年以降，複数のグループによって報告が相次いだ。人工ヌクレアーゼの適用は植物では長い時間を要したが，CRISPR-Cas9 の簡便性は，植物でのゲノム編集も大きく加速したのである。国内においても，CRISPR-Cas9 を用いたシロイヌナズナ，トマト，アサガオ，イネ，ジャガイモなどでのゲノム編集が次々と報告されている。

　動物と同様に，植物においてもゲノム編集を用いた染色体レベルの欠失や逆位が報告されている。チー（Yiping Qi）らは，ZFN を用いてシロイヌナズナの縦列繰り返し遺伝子や遺伝子クラスターの染色体レベルでの欠失（〜9 メガ塩基対）や逆位，重複に成功した[5-31]。さらに CRISPR-Cas9 によって複数箇所の切断が可能になったことから，染色体レベルの改変が可能となってきた。イネのクロロプラストで同一染色体上の 2 か所の切断によって，大規模な欠失（115 〜 245 キロ塩基対）も報告した[5-32]。これらの結果から，今後様々な植物において CRISPR-Cas9 による染色体レベルの改変が可能になると予想される。

　上述の植物のゲノム編集は，遺伝子組換え体を介した方法が基本であるが，産業利用を見据えて遺伝子組換え体を介さないゲノム編集技術の開発が進められている（図 5.10）。この方法の 1 つとして，細胞壁をセルラーゼなどの酵素によって分解した細胞（プロトプラスト）に，ゲノム編集ツールの発現カセット DNA とポリエチレングリコール（PEG）を混合して導入する方法（**プロトプラスト /PEG 法**）が挙げられる。この方法では，発現カセットが染色体中に組み込まれるプロトプラストがある一方，組み込まれず一過的にゲノム編集ツールを発現後に発現カセットが分解されるプロトプラストがある。このプロトプラストを再分化させることによって，外来遺伝子を含まないゲノム編集植物体を得ることが可能となる。さらに最近，遺伝子組換え体を介さないゲノム編集植物の作製法も開発されている。ウー（Je Wook Woo）らは，CRISPR-Cas9 の **RNP** をプロトプラスト /PEG 法によって，様々な植物（シロイヌナズナ，タバコ，レタスやイネ）のプロトプラストへ導入し，

84

5.3 植物でのゲノム編集

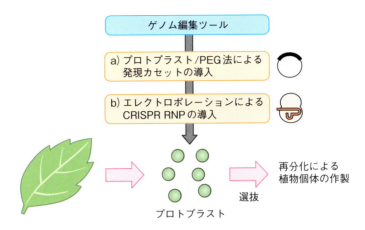

図 5.10 外来遺伝子をもたないゲノム編集植物の作製法
a) プロトプラストに発現カセットを導入した細胞から発現カセットの挿入されていない個体を選抜する方法。b) プロトプラストに CRISPR-Cas9 の RNP を導入することによって、DNA フリーで変異導入を起こす方法。

indel 変異を起こさせることに成功した[5-33]。この研究では、レタスを再分化させ、高い効率での変異導入が確認されている。RNP を用いた方法であれば DNA フリーで標的遺伝子を改変できるので、遺伝子組換え体になることはない。再分化によって植物体を得ることが可能な植物種については、今後RNP 導入によるゲノム編集が積極的に進められるものと予想される。

発現カセット DNA を使わない別の方法としては、細胞壁や細胞膜を透過するペプチドをゲノム編集ツールに付加することによって、植物細胞へ直接透過輸送して改変する方法も開発されつつある。

5.3.2　植物でのゲノム編集による遺伝子ノックイン

植物においては、**アグロバクテリウム法**によって外来遺伝子を染色体中へノックインした**トランスジェニック植物**を作製することが可能である。例えば、蛍光タンパク質遺伝子を発現する光る植物はゲノム編集を利用しなくとも作製できる。しかし、動物のトランスジェニック技術同様に、外来遺伝子が染色体のどの位置に挿入されるかや、挿入されるコピー数を、アグロバク

5章　様々な生物でのゲノム編集

実験法 5.1　アグロバクテリウム法

Rhizobium 属細菌（アグロバクテリウム）は，植物細胞に感染し，腫瘍や不定根を形成させる植物病原細菌である。アグロバクテリウム法は，アグロバクテリウムの保持するバイナリーベクター中の DNA 領域（T-DNA）を，植物細胞へ感染する際に染色体中へ挿入する方法である（図 5.8 参照）。研究者は，植物へ挿入したい外来遺伝子や薬剤耐性遺伝子などの選択マーカー遺伝子を T-DNA 中に組み込んでおき，T-DNA が挿入された植物細胞をポジティブセレクションによって選抜することも可能である。

アグロバクテリウムを植物体の一部の器官に感染させるアグロインフィルトレーションは，植物の新育種技術（NPBT：new plant breeding techniques）（コラム 5.3 参照）の 1 つに取り上げられている。この方法を用いて，CRISPR-Cas9 システムを発現し，スイートオレンジにおける変異導入が報告されている[5-34]。花に直接感染させる方法は，フローラルディップ法とよばれる。

テリウム法でコントロールすることは難しい。

　HR 修復を介した遺伝子ターゲティングが可能な植物としては，コケ植物のヒメツリガネゴケが挙げられる。ヒメツリガネゴケは，酵母と同様に高い HR 修復活性をもつため，既存のドナーベクターのみの導入による遺伝子ノックインによって，確実な遺伝子ノックアウトが可能である。高等植物では，NHEJ 修復活性が高いため，HR 修復を介した遺伝子ノックイン法は基本的には難しい。しかし，最近では，イネでの遺伝子ターゲティングが可能となっており，NHEJ 修復活性を抑制するなどの方法によって，様々な植物種で利用できる可能性が示唆されている。

　上述の状況から，植物での標的遺伝子への外来遺伝子ノックインは難度が高いものの，ZFN，TALEN や CRISPR-Cas9 を用いた DSB を誘導することによって複数のグループから成功例が報告されている。ツァイ（Charles Q. Cai）らは，ZFN を用いて，植物培養細胞での標的遺伝子座への遺伝子ノックインを報告した[5-35]。また，プロトプラスト /PEG 法によって，ゲノム編

集ツールの発現ベクターとドナーベクターをタバコやイネに導入し，HR修復によって外来遺伝子の挿入が示されている。これらの方法では，動物培養細胞と同様にポジティブ選択とネガティブ選択が可能であり，遺伝子ノックイン細胞を濃縮することも可能となっている。

ゲノム編集のノックイン個体をプロトプラストから再分化した成功例についてはこれまで報告されていないものの，技術的には可能な段階となっており，今後はゲノム編集遺伝子ノックイン植物の開発が進むと予想される。

コラム5.3　植物における新育種技術（NPBT）

植物育種において，ゲノム編集技術を含む，大規模な遺伝子改変を引き起こさない新しい技術は「植物における新育種技術（NPBT）」とよばれている。ゲノム編集に加えて，前述のアグロインフィルトレーション，シスジェネシス（従来からの遺伝子改変技術で同種や交雑和合性のある近縁種のDNAを導入する技術），エピゲノム編集（DNAやヒストンの修飾レベルを改変する技術），接ぎ木（台木から穂木へのmiRNAやsiRNAの篩管を通した輸送によってRNAiを誘導する技術）などが含まれる。

NPBTを利用した育種は，内閣府の「戦略的イノベーション創造プログラム（SIP）」において研究が進行中で，高付加価値のトマト，天然毒素（ソラニンなど）を含まないジャガイモの品種改良や，リンゴの早期開花技術の開発に成功している。（http://www.affrc.maff.go.jp/docs/anzenka/npbtkenkyu.htm）

6章　ゲノム編集の発展技術

　ゲノム編集は，標的配列を特異的に切断する技術として開発されてきた。一方，ゲノム編集は標的配列に特異的に結合するタンパク質やsgRNAを基盤とした技術であるため，様々な機能ドメインを連結させることによって新しい技術が開発されている（図6.1）。本章では，人工の転写調節因子やエピゲノム修飾因子による遺伝子の発現調節技術について紹介する。さらに，蛍光タンパク質の連結によるDNA可視化技術や核酸の検出技術，機能ドメインを集積する技術を中心に新技術を紹介する。

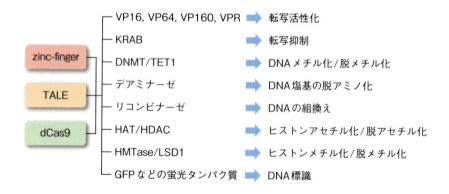

図6.1　ゲノム編集の発展技術
人工DNA切断酵素に利用されるzinc-fingerやTALEに様々な機能ドメインを連結した人工の転写調節因子やエピゲノム酵素，蛍光因子の作製が可能である。同様に，ヌクレアーゼドメインを欠失させたCas9（dCas9）に機能ドメインを付加した機能因子が作製されている。

6.1 人工転写調節因子技術

　遺伝子の発現は，プロモーター上流や下流のエンハンサーやサイレンサーによって調節される。エンハンサーやサイレンサーには，標的配列に結合して転写を活性化や抑制するタンパク質因子（転写調節因子）が結合し，必要な時期や細胞での遺伝子発現調節が行われる。転写調節因子の多くには，標的配列に結合する DNA 結合ドメインに加えて，転写開始複合体を調節する活性化／抑制ドメインや調節ドメインを有する。このような内在の転写因子と同じ機能を備えた人工の転写因子が作製できれば，標的遺伝子の調節に加えて，合成生物学での遺伝子ネットワーク構築など様々な活用法が考えられる。このような人工転写調節因子の概念は，第一世代のゲノム編集ツール ZFN が開発された頃からすでに確立し，実証的な実験が開始されていた。

　人工転写調節因子として，効率的な転写調節が実現したのは，TALE に転写活性化因子 **VP64**（ヘルペスウイルスの転写活性化因子 VP16 の 4 連結体）や **VPR**（VP64-p65-Rta：VP64 に 2 つの転写活性化因子 p65 と Rta を融合した因子）などを結合した人工転写活性化因子の開発からと考えられる [6-1]（図6.2a）。これら人工転写活性化因子による活性化は，培養細胞であれば発現カセットの一過的発現や mRNA の導入で可能となる。持続的な発現活性化であれば発現カセットをゲノムへ挿入した発現安定株の樹立も効果的と考えられ，トランスジェニック技術を利用して個体での発現にも応用可能である。CRISPR-Cas9 を使った人工の転写活性化システムがすでに確立されており，この場合 Cas9 の 2 つのヌクレアーゼドメインに変異を導入した切断活性をもたない Cas9（**dCas9**：dead Cas9）が利用される。dCas9 と転写活性化ドメインを連結した活性化因子は，sgRNA によって標的に結合し，転写活性化を誘導することが報告されている。この技術は，**CRISPRa**（CRISPR activation）とよばれている。上述の VP64 や VPR，VP160 を dCas9 に連結し，sgRNA と共発現することによって，効率的な転写活性化の成功例が報告されている（図6.2b）。

　転写抑制には，ヒトのジンクフィンガー転写因子群に見られる転写抑制

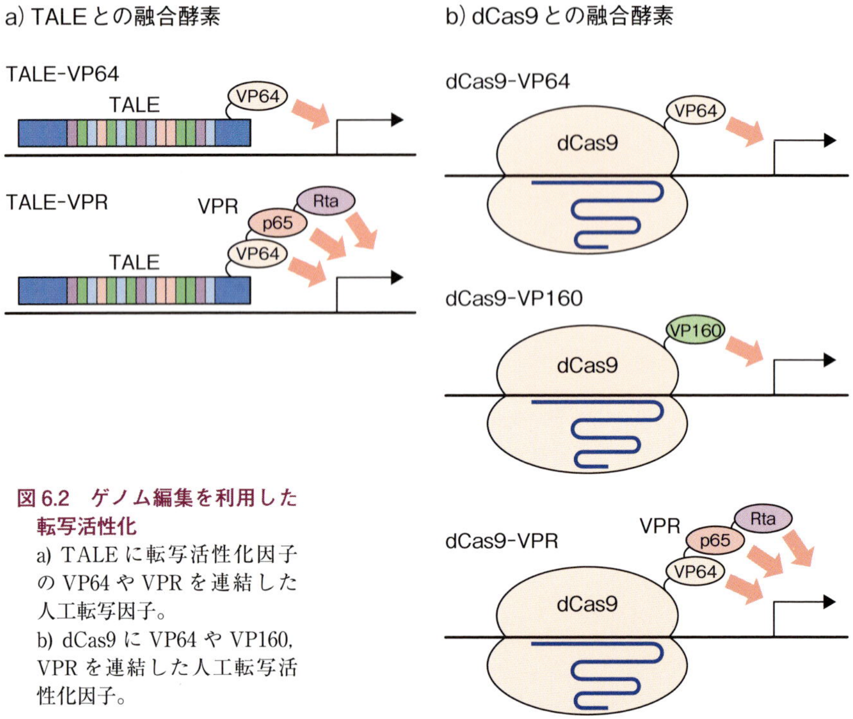

6章　ゲノム編集の発展技術

a) TALE との融合酵素

TALE-VP64

TALE-VPR

b) dCas9 との融合酵素

dCas9-VP64

dCas9-VP160

dCas9-VPR

図 6.2　ゲノム編集を利用した転写活性化
a) TALE に転写活性化因子の VP64 や VPR を連結した人工転写因子。
b) dCas9 に VP64 や VP160, VPR を連結した人工転写活性化因子。

ドメインの KRAB（Krüppel associated box）をゲノム編集ツールと連結した人工転写抑制因子の発現が効果的である。人工転写活性化因子と同様に，TALE や dCas9 との連結によって効果的な転写抑制が実証されている[6-2]（図6.3a と 6.3b）。また，単に dCas9 のみを標的配列へ結合させることによって，転写活性化因子の結合を妨げる転写抑制も有効である（図 6.3c）。この方法は，**CRISPRi**（CRISPR interference）とよばれ，dCas9 と複数の sgRNA を発現（あるいは導入）することによって，同時に複数の遺伝子発現を抑制することができる。NHEJ 修復活性をもたない細菌では，狙った遺伝子への indel 変異導入が難しいため，遺伝子ノックアウトの代わりに CRISPRi による遺伝子ノックダウンが有効な方法となる[6-3]。

90

6.2 エピゲノム編集技術

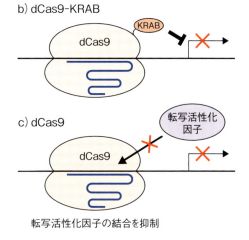

図6.3 ゲノム編集を利用した転写抑制
a) TALEに転写抑制ドメインのKRABを連結した人工転写因子。
b) dCas9にKRABを連結した人工転写抑制システム。
c) dCas9を結合させることによって，内在の転写活性化因子の結合を抑制するシステム。

6.2 エピゲノム編集技術

エピジェネティクスとは，DNAの塩基配列の変化を伴わない遺伝子発現の制御機構であり，DNAのメチル化やヒストンの修飾（メチル化やアセチル化など）が関与する。この機構は，発生における細胞分化，哺乳類でのゲノムインプリンティングやX染色体の不活性化（哺乳類の雌において，2つのX染色体のうち1つの遺伝子発現が抑制される現象），がんの発症において重要な働きをすることが知られている。**エピゲノム編集**とは，標的配列周辺のDNAのメチル化状態やヒストンの修飾状態を改変することによって，エピジェネティックな発現制御を変化させる技術である。ゲノム編集ツールのDNA結合ドメインと様々な修飾酵素の機能ドメインを連結させた**人工エピゲノム修飾酵素**の働きによって，エピゲノム編集が可能なことが，主に培養細胞において報告されている。

6章　ゲノム編集の発展技術

コラム 6.1　ゲノムインプリンティング

　哺乳動物の父系染色体と母系染色体は，特定の遺伝子座において DNA の
メチル化やクロマチン修飾の状態が異なる。この違いは，生殖細胞形成過程
において性特異的にゲノムに書き込まれることからゲノム刷り込み（ゲノム
インプリンティング）とよばれている。インプリンティング遺伝子は，アレ
ル特異的にその遺伝子発現が制御され，正常な発生に不可欠である。インプ
リンティング遺伝子のデータベース geneimprint（http://www.geneimprint.
com/site/home）では，哺乳類の種ごとにこれまで明らかにされているインプリ
ンティング遺伝子が掲載されており，ヒトでは約 250 遺伝子がリストされている。

　真核細胞の DNA メチル化では，シトシンの 5 位の炭素がメチル化（5-メ
チルシトシン）される（図 6.4a）。このメチル化には，**DNA メチルトラン
スフェラーゼ**の DNMT3A と DNMT3B という 2 つの因子が働き，CpG 配
列中のシトシンがメチル化される。脊椎動物の遺伝子には **CpG アイランド**
とよばれる CG の割合が多い領域が存在し，プロモーター領域の CpG 配列
が高度にメチル化された遺伝子の発現は，抑制される（図 6.4b）。そこで，
TALE や dCas9 と DNA メチル化酵素を融合した**人工 DNA メチル化酵素**を
発現させることで，標的遺伝子のプロモーター周辺の DNA のメチル化と遺
伝子発現の抑制が可能かどうかの実証研究が複数のグループによって行われ
てきた。バーンスタイン（Diana L. Bernstein）らは，TALE に DNMT3A
と DNMT3A の活性を増強する DNMT3L を連結することによって，がん抑
制遺伝子 *p16* のプロモーターのメチル化と *p16* の発現低下を示した[6-4]。同
様の戦略で，dCas9 に DNMT3A と DNMT3L を連結することによって，効
率的なメチル化を誘導することが示され注目されている（図 6.4）[6-5]。興味
深いことに，この研究では複数の標的遺伝子プロモーターに対して，それぞ
れ 1 種類の sgRNA によって効率的なメチル化と転写抑制が可能なことを示
した。逆に，標的遺伝子を DNA 脱メチル化修飾する方法として，TALE と
TET1（<u>t</u>en-<u>e</u>leven <u>t</u>ranslocation methylcytosine dioxygenase <u>1</u>）の触媒ド
メイン（TET1CD）を連結した**人工 DNA 脱メチル化酵素**が報告されている。

92

6.2 エピゲノム編集技術

a) DNAのメチル化

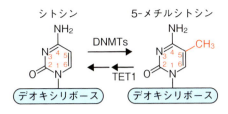

b) DNAのメチル化と遺伝子発現

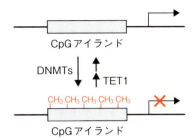

c) 人工DNA修飾酵素

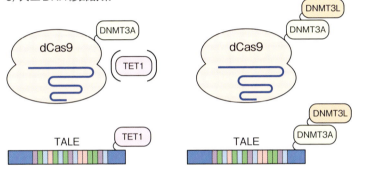

図6.4 人工DNAメチル化/脱メチル化酵素
a) シトシンの5位が，DNMTs（DNMT3AとDNMT3B）によってメチル化され，5-メチルシトシンはTET1により脱メチル化される。
b) 脊椎動物のプロモーター領域のCpGアイランドがメチル化されると転写が抑制される。
c) dCas9にDNMT3AやDNMT3A-DNMT3Lを連結した人工DNAメチル化酵素が開発されている。TALEやdCas9にTET1を連結した人工DNA脱メチル化酵素も報告されている。

この人工酵素を用いて，メチル化によって発現が抑制されている遺伝子の発現を活性化できることが報告されている[6-6]。dCas9とTET1の人工DNAメチル化酵素によっても成功例が報告され[6-7]，メチル化によって抑制された遺伝子に対する簡便なエピゲノム編集技術として今後利用されていくと予想される。

DNAのメチル化・脱メチル化に加えて，エピゲノム編集によってヒストンの修飾状態を改変することも可能である。クロマチンの基本単位であるヌ

93

6章 ゲノム編集の発展技術

クレオソームは，ヒストン八量体にDNAが巻き付いた構造である（図1.1を参照）。ヒストンのN末端はヒストンテールとよばれ，この部分が様々な修飾（メチル化，アセチル化，リン酸化など）を受ける（図6.5a）。ヒストンテールの特定のリシン残基がアセチル化されると，クロマチン構造が緩み転写活性が上昇する。ヒストンテールのアセチル化は**ヒストンアセチル基転移酵素（HAT）**が，脱アセチル化は**ヒストン脱アセチル化酵素（HDAC）**が行う。アセチル化に加えて，ヒストンテールはメチル化を受けることも知ら

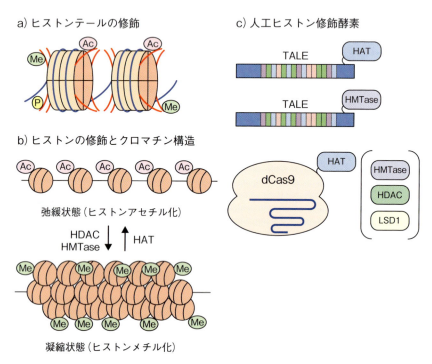

図6.5 人工ヒストン修飾酵素
a) ヒストンのN末端（ヒストンテール）にはメチル化（Me），アセチル化（Ac），リン酸化（P）などの修飾が起こる。
b) ヒストンの修飾状態によってクロマチンは弛緩したり凝縮したりする。
c) TALEにHATやHMTaseを連結した人工のヒストンアセチル化酵素やヒストンメチル化酵素が開発されている。dCas9にはヒストンのメチル化とアセチル化状態を調節する様々な因子の連結した人工酵素が開発されている。

94

れており，**ヒストンメチル基転移酵素（HMTase）**が働く。一般に，ヒストンのメチル化は，クロマチンの凝縮を誘導する（図 6.5b）。そこで，ゲノム編集ツールの DNA 結合ドメインにヒストンの修飾酵素を連結した様々な**人工ヒストン修飾酵素**が作製され（図 6.5c），標的遺伝子のヒストンの修飾状態を改変する試みが行われている。例えば，HAT 活性をもつ p300 の触媒中心ドメイン（p300CD）を dCas9 に連結した人工エピゲノム修飾酵素は，特定遺伝子座の標的配列の H3 の 27 番目のリシンをジアセチル化し，安定した転写活性化を誘導することが報告されている[6-8]。

6.3　点変異ゲノム編集技術

　ゲノム編集による遺伝子改変は，DSB 導入後の修復過程で欠失や挿入を行うが，類似配列への DSB による予期せぬ変異導入が問題となっている。そのため，DSB を介さないゲノム編集技術の開発が，様々な分野で期待されている。

　この目的で開発されているのが，**脱アミノ化酵素（デアミナーゼ）**を利用した**点変異ゲノム編集技術**である。デアミナーゼは，様々な生物から同定されており，シトシンのアミノ化によって，ウラシルを介してチミンへの変換を引き起こす（図 6.6a）。ハーバード大学のリュウ（David R. Liu）らのグループは，ラットのデアミナーゼ APOBEC を dCas9 に連結させた人工デアミナーゼの BaseEditor を開発している[6-9]。同様のアイディアによって，神戸大学の西田敬二らは，ヤツメウナギのデアミナーゼを dCas9 に連結した技術（Target-AID）を同時期に開発した[6-10]。これらの技術では，dCas9 の代わりに Cas9 の 1 つのヌクレアーゼドメインを変異させたニッカーゼ（nCas9）を利用し，脱アミノ化される反対の DNA 鎖を切断することによって，効率的な C → T への改変が可能となっている。一塩基改変は，PAM から 15 〜 20 塩基上流の位置で起こる。一方，TALE や zinc-finger とデアミナーゼを連結した人工デアミナーゼでの点変異も報告されている[6-11]（図 6.6c）。さらに最近，リュウらのグループは，定向進化とタンパク質工学を駆使し，

6章　ゲノム編集の発展技術

a) シトシンの脱アミノ化

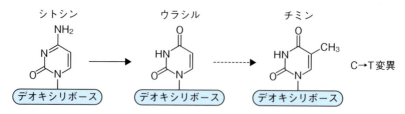

b) アデニンの脱アミノ化

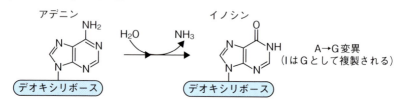

c) 人工脱アミノ化酵素

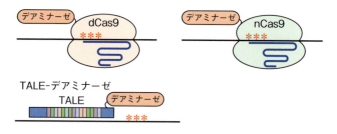

図 6.6　人工 DNA 脱アミノ化酵素
a) シトシンの脱アミノ化によってウラシルを介してチミンへ改変される。
b) アデニンの脱アミノ化によってイノシンとなるが，イノシンはポリメラーゼによってグアニンとして複製される。
c) dCas9 や nCas9 にデアミナーゼ連結した人工酵素が開発されている。また，TALE とデアミナーゼを連結した酵素も報告されている。これらの酵素によって標的配列への点変異（赤い星印）が導入される。

A → G の改変が可能な人工デアミナーゼの作製に成功した[6-12]（図 6.6b）。A → G への一塩基改変によって病原性の修復が期待される**一塩基多型**（**SNP** : single nucleotide polymorphism）が多数存在することから，この技術を用いた疾患治療技術の開発が加速すると考えられる。

6.4 核酸標識技術

細胞内の核酸の可視化には，これまで *in situ* ハイブリダイゼーション（ISH : *in situ* hybridization）法が主に利用されてきた。ISH法では，標識した核酸プローブと標的核酸（DNAあるいはRNA）を塩基対形成によって特異的に結合させ，DNAであれば染色体での遺伝子座，mRNAであれば発現する細胞や細胞内での位置を観察することができる。蛍光物質で標識したプローブを用いたISH法は，特に **FISH**（fluorescence ISH）法とよばれ，高い感度で核酸を検出できる。ISH法によって細胞や組織，個体レベルでの検出が可能な一方，固定した試料を用いるため，生きた細胞（生細胞）内において特定の遺伝子座を可視化することは困難であった。

最近，ゲノム編集を利用した方法によって標的遺伝子座を細胞内で可視化する方法が開発され，核内での遺伝子座の動きを観察できるようになってきた（図6.7）。基礎生物学研究所の宮成悠介らは，マイクロサテライト配列に結合するTALEと蛍光タンパク質を融合し，生きた細胞で染色体の動きを観察する方法 **TGV**（TALE-mediated genome visualization）を開発した[6-13]。TGVによって，マウスES細胞のマイクロサテライト領域の可視化と，細胞分裂での染色体の動きをとらえることが可能である。チェン（Baohui

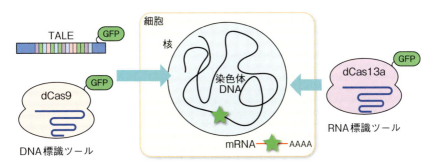

図6.7 核酸標識技術
TALEやdCas9にGFPなどの蛍光タンパク質を連結した人工因子を細胞に導入することによって標的の遺伝子座を可視化することができる。また，dCas13aとGFPを連結した因子によって細胞内のmRNAを可視化することも可能である。

6章　ゲノム編集の発展技術

Chen）らは，dCas9 に蛍光タンパク質を融合し，繰り返し配列だけでなく，特定遺伝子座の可視化も可能なことを報告した[6-14]。しかしながら，特定遺伝子座の可視化には複数の sgRNA を結合させることが必要となり，遺伝子機能への阻害的な影響について注意が必要である。

　生細胞での mRNA の可視化は，転写産物にバクテリオファージ MS2 由来のステムループを作る RNA（MS2）を付加し，MS2 に特異的に結合する MS2 コートタンパク質（MCP）と蛍光タンパク質の融合タンパク質によって検出可能であった。しかしながら，MS2 のゲノムへのノックインには労力が必要であることや，高い検出感度での観察が難しいことなど，いくつかの課題があった。これに対して，最近，クラス 2 タイプ VI 型の dCas13a が RNA に結合することを利用した RNA の可視化法が報告された[6-15]（図 6.7）。この方法は，MS2 など特別な配列の挿入を必要としないことから，汎用的技術として期待されている。

6.5　機能ドメインの集積技術

　人工転写調節因子やエピゲノム修飾酵素は，単一分子の働きでは十分な効果が得られない場合がある。この問題を解決する方法として，標的遺伝子の複数の標的配列に人工転写調節因子やエピゲノム編集酵素を結合させ，相加的あるいは相乗的な効果を得る方法が有効と考えられる。しかしながら，標的遺伝子の転写調節領域に複数の標的配列を設定できないことも多い。このような問題を解決する方法として，単一の標的配列に複数の機能ドメインを結合（集積）させる方法が開発されている。

　複数の機能ドメインを集積させる方法として，sgRNA の Cas9 との結合に関与しない部分に MS2 を挿入し，この RNA を特異的に結合する MCP と転写活性化因子を連結した融合因子を複数結合させる **SAM**（synergistic activation mediator）**システム**が報告されている[6-16]（図 6.8a）。コーネルマン（Silvana Konermann）らは，転写活性化因子として p65 と HSF1 を MS2 に付加し，これによって 1 つの sgRNA に複数の p65-HSF1 を集積

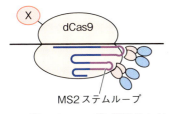

図6.8 機能ドメインの集積技術
a) SAMシステム。sgRNAのバクテリオファージMS2由来のMS2ステムループRNA（紫色）を挿入し，MS2に特異的に結合するMS2コートタンパク質（MCP）と機能ドメインを融合した因子を集積させる。
b) dCas9にscFvが認識結合するGCN4ペプチドエピトープをタンデムに連結し，機能ドメインが連結したscFvを結合させることによって，機能ドメインを集積させる。dCas9に直接機能ドメイン（X）を付加し，相乗的な効果を図ることも可能である。

し，dCas9にVP64を付加することによって400倍以上の転写活性化に成功した。SAMシステムより多くの機能ドメインの集積が可能な技術として，**SunTag**（supernova tag）**システム**が報告されている[6-17]（図6.8b）。この方法は，dCas9に**一本鎖抗体**（**scFv**：single-chain variable fragment）が認識・結合する**GCN4**（general control non-derepressible 4）ペプチドエピトープをタンデムに連結し，機能ドメインが付加したscFvを結合させることによって，機能ドメインを集積する方法である。個体レベルでの集積システムの適用について，群馬大学の畑田出穂らのグループは，SunTagシステムを利用して，TET1CDを集積させることによって，効率的な標的遺伝子座でのDNA脱メチル化をマウス個体において報告している[6-18]。

上述の集積システムは，転写調節因子の集積やクロマチン修飾因子の集積に加えて，DNA標識技術への利用が報告されている。細胞内で同時に6か所のリピート領域を可視化するSAMシステムを利用した方法（**CRISPRainbowシステム**）が開発されている[6-19]。これらの状況から，SAMシステムやSunTagシステムは，今後様々な機能ドメインの集積に利用されて行くことが予想される。

コラム 6.2　免疫グロブリン

外敵（ウイルスや細菌など）からからだを守るシステムとして，脊椎動物は自然免疫や獲得免疫を有している。自然免疫がマクロファージなどによって外敵を即座に排除する機構であるのに対して，獲得免疫は，外敵の構成分子を抗原として認識して，記憶された情報をもとに効果的に排除する（応答には数日必要とされる）。獲得免疫のうち，B細胞で作られる抗体（免疫グロブリンタンパク質）を利用した液性免疫では，血液中やリンパ液中の抗体が外敵と結合することによって細胞への侵入を防いでいる。免疫グロブリンは，2本のH鎖と2本のL鎖からなる（図 6.9a）。N末端の抗原結合部位が様々な抗原に対応する可変領域となっており，この部分のみからなるヘテロ二量体をFab断片とよぶ（図 6.9b）。さらに，Fab断片中の抗原を認識する最小単位をリンカーでつなぎ，構造を安定化したものがscFvである（図 6.9c）。

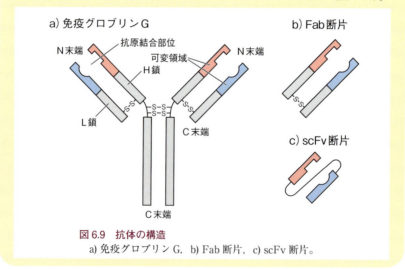

図 6.9　抗体の構造
a) 免疫グロブリン G，b) Fab 断片，c) scFv 断片。

6.6　核酸検出技術

微量の核酸を検出する方法は，耐熱性菌由来のDNAポリメラーゼを用いたポリメラーゼ連鎖反応（PCR）を介した方法が主流である。PCRでは，増幅したい部分の領域をプライマーとよばれる短い配列を用いて指数関数的

6.6 核酸検出技術

a) RPA（リコンビナーゼポリメラーゼ増幅）反応

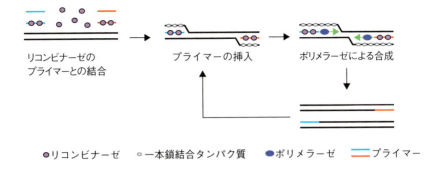

b) SHERLOCK

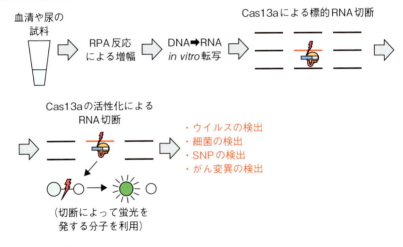

図 6.10　核酸検出技術

a) RPA 反応。プライマーとリコンビナーゼが複合体を形成し，鋳型二本鎖 DNA へ挿入され，プライマーが結合する。一本鎖 DNA 結合タンパク質（SSB）により構造が安定化され，その後ポリメラーゼによって DNA 合成が進行する。

b) SHERLOCK 法。血液や尿の試料から RPA 反応によって室温で鋳型を増幅する。鋳型が RNA である場合は，逆転写によって相補的な DNA を合成し，DNA として増幅する。増幅された DNA を鋳型として *in vitro* 転写によって RNA を合成する。目的の RNA（赤色）が Cas13a によって特異的に切断されると，Cas13a が活性化され非特異的に RNA を切断するようになる。この非特異的 RNA 分解を蛍光レポーター分子（切断を受けることによって蛍光を発する）によって検出する。

6章　ゲノム編集の発展技術

に増幅することが可能であるが，温度をコントロールするサーマルサイクラーとよばれる装置が必要となる。サーマルサイクラーは低価格化が進み，PCR は様々な分野で利用されている。一方，診断目的の核酸検出では，短時間に場所を選ばない方法の開発も必要とされる。この問題を解決する方法として，最近，常温 DNA 増幅反応である**リコンビナーゼポリメラーゼ増幅（RPA**：recombinase polymerase amplification）**反応**とゲノム編集技術を組み合わせた高感度な核酸検出法が開発された。ブロード研究所のツァン（Feng Zhang）らのグループは，診断技術を開発する目的で，まず標的のDNA（RNA を逆転写した DNA）を RPA 反応によって増幅し，増幅したDNA を鋳型として試験管内で一本鎖の RNA を作製した（図 6.10）。このRNA を sgRNA 依存的に Cas13a によって切断させるのであるが，このときCas13a が 2 次的に非特異的な RNA 切断を誘導することを利用してレポーター蛍光を検出する方法が開発され，**SHERLOCK**（specific high-sensitivity enzymatic reporter unlocking）と名づけられた[6-20]。研究グループは，**ジカウイルスやデングウイルス**をアトモル濃度（10^{-18} mol）で検出できることを示す一方，ヒトの遺伝子型検出やがん遺伝子の検出に SHERLOCK が利用可能であることを示した。このシステムは，ろ紙へ付着させて使えることから，今後は野外を含む様々な診療現場での診断に利用できるかもしれない。

6.7　ゲノム編集の光制御技術

ゲノム編集を特定の条件下で活性化する技術は，基礎から応用において重要な技術となる。必要な時に必要な場所でゲノム編集することによって，予期せぬ切断を抑えることも可能となり，安全性を高める上で重要である。

この目的で開発されているのが，特定の波長の光を当てることによってゲノム編集ツールを活性化させる技術（**光制御技術**）である。東京大学の佐藤守俊らは，青色光を照射することによって CRY2 タンパク質に結合するシロイヌナズナ由来の CIB1 を利用し，条件的に転写活性化するシステムを確立した[6-21]。dCas9 に CIB1 を，転写活性化ドメイン p65 に CRY2 を連結

a) 光誘導型の人工転写活性化システム

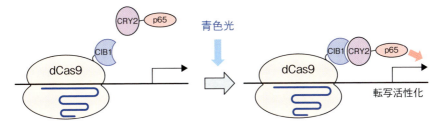

b) 光誘導型のゲノム編集ツール

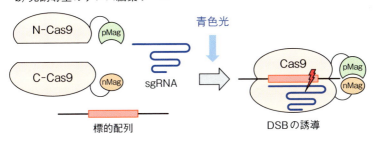

図 6.11　ゲノム編集の光制御技術
a) 光誘導型の転写活性化システム。青色光を照射することによって，転写因子が標的遺伝子へリクルートされ，転写が活性化する。
b) 光誘導型のゲノム編集ツール。分断された Cas9（N-Cas9 と C-Cas9）にそれぞれ結合した Magnet タンパク質（pMag と nMag）は，青色光の照射によって結合する。これによって Cas9 が活性型となり sgRNA と複合体を形成して，標的配列へ DSB を誘導する。

し，これらの因子を発現させた細胞に青色光を当てることによって，標的遺伝子の転写活性化を証明した（図 6.11a）。同グループは，光制御によって CRISPR-Cas9 を活性化および不活性化することに成功している[6-22]（図 6.11b）。pMag と nMag とよばれる分子は，青色の光が照射されると結合し，照射を止めると解離する（**Magnet システム**）。これらの低分子を 2 つに分断した Cas9（N-Cas9 と C-Cas9）にそれぞれ連結することによって，光を照射した時のみ活性型となり，標的遺伝子へ DSB を誘導することが示されている。

7章 ゲノム編集の
農水畜産分野での利用

　ゲノム編集は，幅広い生物種に利用可能な技術であることから，有用品種の作出など産業利用を視野にいれた研究・開発が進行中である。ゲノム編集を利用した品種改良では，遺伝子組換え技術との差別化を図るため，遺伝子の欠失変異導入による有用形質個体の作出が主流となっている。本章では，農作物，養殖魚（マダイなど）および家畜（ニワトリやブタ）において進められている，ゲノム編集を用いた有用品種の作出研究について紹介する。

7.1　農作物でのゲノム編集による品種改良

　人類の長い歴史の中で，有用な農作物品種は，交雑と選抜を繰り返すことによって作出されてきた。この品種改良は，自然界で低頻度に起こる自然突然変異に頼る方法であり，有用な栽培種の作出には長い年月が必要とされる。例えば，栽培品種のキャベツは，野生種のケールの品種改良によって作られたキャベツの野生種から作られたものだが，同じキャベツの野生種からブロッコリーやカリフラワーなども品種改良によって作られてきた。しかしながら，交雑と選抜による方法は，偶然に起こる自然突然変異に頼らざるを得ず，様々な形質をもつ品種を思い通りに作出することは難しい。そのため，放射線や紫外線によるランダムミュータジェネシスが開発され，国内ではガンマ線を用いて高効率に突然変異体を作出する**突然変異育種**が 1960 年代から始まった。

　突然変異育種によって，これまで様々な農作物品種が作られてきた。世界

では，200を越える植物種から3200以上の突然変異体が作出され，FAO/IAEA Mutant Variety Database（https://mvd.iaea.org）に登録されている。国内においても，国立の農業生物資源研究所 放射線育種場（茨城県常陸大宮市）において，低アレルゲン米，低タンパク質米や黒斑病抵抗性ナシ（ゴールド二十世紀）を代表とした数多くの突然変異品種が作出されてきた。最近では，TILLING（targeting induced local lesions in genomes）法（1章2節を参照）による目的遺伝子が改変された個体の選抜が可能となり突然変異品種は一般的に広く利用されている。一方，作出された品種には，目的の変異に加えて多数の変異が同時に導入されているが，多くの場合それらの変異は取り除かれてはいない（図7.1a）。

放射線や紫外線によるランダムな変異導入に比べ，ゲノム編集による品種改良は目的の遺伝子にのみ改変を加える有効な技術である（図7.1b）。遺伝子組換えでは外来のDNAを導入するのに対して，ゲノム編集では自然突然

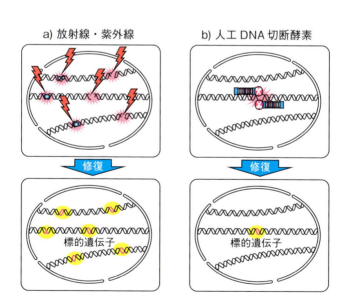

図7.1 突然変異育種での変異導入（a）とゲノム編集での変異導入（b）
突然変異育種では，多くの箇所に突然変異が導入される。一方，ゲノム編集では，目的の遺伝子のみに変異導入が可能である。

変異と同じタイプの変異を導入することが可能である。しかしながら，植物における目的遺伝子の変異個体作製には，ゲノム編集ツールの発現カセットを導入した遺伝子組換え体の作出が必要であることを述べた（5章3節を参照）。ゲノム編集個体作出は主にアグロバクテリウム法が用いられ，様々な栽培種（イネ，コムギ，タバコ，レタス，ダイズ，トマト，トウモロコシ，オレンジ，ブドウなど）での遺伝子破壊が報告されている[7-1]。アグロバクテリウム法で作製したゲノム編集農作物は，当初は遺伝子組換え体であるが，発現カセットを除いたヌルセグリガント（5章3節1項を参照）は遺伝子組換え体には当たらない可能性があり，有用品種として大きな期待がかかっている。海外では，トウモロコシの品種改良を CRISPR-Cas9 によって行う計画をデュポン社が表明している。また最近，黒ずまないマッシュルームが米国農務省（USDA）において認められ話題となっている。国内においても，ゲノム編集を利用した品種改良が内閣府の**戦略的イノベーション創造プログラム（SIP）**において積極的に進められており，生産量の多いイネ，受粉の必要のないトマトなど，農作物でのゲノム編集に成功している。このうち，CRISPR-Cas9 によって改良されたイネ（もみの数と粒の大きさを増加）については，農業生物資源研究所において隔離圃場での栽培試験が現在進行している。

7.2　養殖魚でのゲノム編集による品種改良

　魚においては，ゼブラフィッシュやメダカなどの小型魚をモデルとして，ゲノム編集技術の適用が進められてきた。ゲノム編集ツールの mRNA やタンパク質を受精卵へ顕微注入することによって，様々な魚種において効率的な遺伝子破壊が証明されており，養殖魚種への適用可能性が示唆されていた。

　養殖魚においては，作物育種で用いられてきたランダムミュータジェネシスは一部の魚種には適用が試みられているが，多くの場合，交雑と選択によって限られた魚種（マダイなど）で品種改良が進められてきた。そのため，ゲノム編集は養殖魚種の品種改良において強力な技術となると水産業からも期

図7.2 ミオスタチン遺伝子破壊マダイ
ミオスタチン遺伝子を破壊したマダイ（上）では，コントロールのマダイ（下）と比較して筋肉量の増加が見られる。（京都大学，木下政人博士提供）

待されている。現在国内では，養殖技術が確立しているマダイやマグロを中心にゲノム編集の適用が進められている。農作物の品種改良と同様に，遺伝子組換えとはならないように，標的遺伝子への欠失変異を導入するゲノム編集が主に行われている。京都大学の木下政人らは，マダイにおいてミオスタチン遺伝子[※7-1]をCRISPR-Cas9によって破壊し，筋肉量を増加させることに成功している（図7.2)[7-2]。さらに同研究グループは，トラフグにおいて食欲に関与する遺伝子をゲノム編集によって破壊し，成長速度が速くなることも確認している。内閣府のSIP（コラム5.3を参照）では，筆者らのグループが作製したプラチナTALEN（Platinum TALEN）をマグロの受精卵に注入し，おとなしい性格のマグロ品種開発が進められている。海外では，コイやナイルティラピアのゲノム編集が中国から[7-3, 4]，タイセイヨウサケのゲノム編集がノルウェーから[7-5]発表されている。

　ゲノム編集によって欠失変異を導入した有用魚は，遺伝子組換え生物に当たらない可能性があるものの，現時点では稚魚，精子や卵が漏出しないよう

※7-1　ミオスタチン遺伝子は，筋肉の増殖を抑制的に制御する働きをもち，様々な脊椎動物においてその機能が保存されている。

7章　ゲノム編集の農水畜産分野での利用

に遺伝子組換え生物と同じ管理がなされている。産業化に向けては，効率的な飼育が必要となるが，逃亡による環境への影響を考えると，陸上閉鎖系での養殖技術を利用した管理が現時点では必要とされる。

7.3　家畜でのゲノム編集による品種改良

　家畜においては肉質を向上させたり繁殖力を高めるため，古くから品種改良が進められている。最近では，次世代シークエンサー（NGS：next generation sequencer）を用いた家畜ゲノムの解析から，経済的に重要な形質に関わる遺伝子（**経済形質遺伝子**）の同定やそれに基づく効率的な育種も可能である。このようなゲノム情報の蓄積に加えて，ゲノム編集技術の家畜への適用が可能となり，ブタやニワトリにおいてすでに複数の標的遺伝子の改変について成功例が報告されている。これら家畜のゲノム編集は，産業利用を視野に入れ，主に欠失変異の導入によってゲノム編集個体が作製されている。

　ゲノム編集以前の家畜の遺伝子改変は，受精卵へ外来遺伝子を注入するトランスジェニック技術によって行われてきた。ウシやヒツジなどのトランスジェニック動物を用いて医薬品の製造などが進められてきたが，改変効率の悪さやモザイク現象などの問題があった。この問題を解決する技術となったのが，**体細胞核移植技術**である。体細胞核移植では，繊維芽細胞などの体細胞から核を取り出し，受精卵へ移植・発生させる。この技術を利用することによって，すべての細胞に外来遺伝子を挿入したクローン個体を作製することができるようになったのである。トランスジェニック個体の作製に加えて，遺伝子ターゲティングも体細胞核移植技術によって可能となった。ブタ繊維芽細胞において，ドナーベクターを用いて HR 修復によって外来遺伝子を挿入し，ノックイン細胞を薬剤耐性などのポジティブ選択によってクローン化する。さらに，クローン化した遺伝子改変繊維芽細胞の核を取り出し，核を取り除いた卵へ注入することによって変異個体を作出する。この方法は，ブタなどの家畜で遺伝子ノックアウトが可能な唯一の方法であったが，繊維芽

108

7.3 家畜でのゲノム編集による品種改良

a) 繊維芽細胞でのゲノム編集

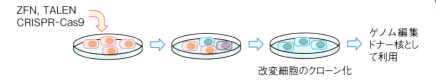

b) 核移植によるゲノム編集ブタの作出

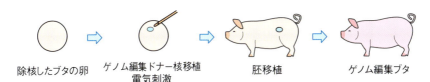

c) 受精卵へのゲノム編集ツールの導入によるゲノム編集ブタの作出

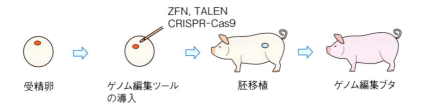

図7.3 ブタでのゲノム編集による遺伝子改変
  a) ブタ繊維芽細胞へゲノム編集ツールを導入することによって改変細胞（ドナー核）を作製する。
  b) ゲノム編集ドナー核を除核したブタ卵へ顕微注入することによって核移植と融合を行う。さらに，ドナー核移植卵を仮親へ胚移植することによってゲノム編集ブタを作出する。
  c) 受精卵へゲノム編集ツールを導入し，ゲノム編集卵を胚移植することによってゲノム編集ブタを作出する。

細胞の遺伝子改変効率が低いことが問題であった。筆者らのグループは，明治大学の長嶋比呂志らとの共同研究によって，プラチナTALENを用いて繊維芽細胞でミオスタチン遺伝子を破壊し（図7.3a），体細胞核移植技術によるミオスタチン遺伝子の破壊に成功した[7-6]（図7.3b）。ベルギーでは，品

7章　ゲノム編集の農水畜産分野での利用

種改良によってミオスタチン遺伝子の機能を失って筋肉量が増加した牛（ベルジアン・ブルー）が作られており，品種として利用されている。このウシでの筋肉量の増加と同様に，ミオスタチン遺伝子破壊ブタでは，筋肉細胞が2倍となり肉量が1.5倍程度になることが示された。しかしながら，この方法は体細胞核移植に関する高い技術レベルが必要とされ，汎用的な方法とは言い難い。最近，CRISPR-Cas9をブタ受精卵へ電気穿孔法によって導入し，標的遺伝子を破壊する **GEEP**（genome editing by electroporation of Cas9 protein）**法**が開発された[7-7]（図7.3c）。GEEP法は簡便かつ効率的であることから，今後はブタのゲノム編集については，この方法が中心となると予想される。

ブタにおいては，PRRSウイルス（**PRRSV**：porcine reproductive and respiratory syndrome virus）の感染によって繁殖障害や子豚呼吸障害が起こり，生産者に多大な被害を与えている。米国ミズーリ大学のグループは，PRRSVの受容体の1つである *CD163* 遺伝子をCRISRP-Cas9で破壊したブタの作製に成功し，このブタはPRRSVに感染しないことを報告している[7-8]。

タンパク質やカルシウムの豊富な鶏卵は，日本の食卓でおなじみの食材である。ニワトリの卵は，食材だけでなくワクチンの産生や抗体の作製にも不可欠であることから，ニワトリでの遺伝子改変技術（トランスジェニック技術やES細胞の樹立法）の開発が進められてきた。しかしながら，ニワトリES細胞は生殖細胞へ分化できないため，マウスで可能な遺伝子ターゲティングはこれまでニワトリでは困難であった。ゲノム編集についても，他の動物に比較してニワトリでの適用は遅れている状況である。これは，受精卵の採取が難しいことや，体外受精のシステムが確立していないことが原因である。

ニワトリでは，将来精子や卵へ分化する始原生殖細胞（PGC：primordial germ cell）がゲノム編集に利用されているが，成功例としては数例にとどまっている（図7.4）。ニワトリのPGCは初期の発生過程において血中に移動することから，胚血液中からPGCを集めゲノム編集に利用することが可

110

7.3 家畜でのゲノム編集による品種改良

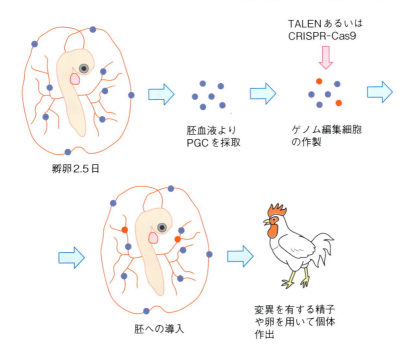

図 7.4　ニワトリでのゲノム編集
孵卵 2.5 日胚のニワトリ胚血液より PGC（青い細胞）を回収し、ゲノム編集ツールを導入する。ゲノム編集によって標的遺伝子が破壊された PGC（赤い細胞）を胚へ導入することによって、精子や卵へ分化させる。変異を有する精子や卵を用いて個体を作出する。

能であるが、回収できる細胞数（数百個程度）も限られ、十分な細胞数を得ることが難しい[7-9]。最近、TALEN を用いたニワトリ PGC でのゲノム編集によって、アレルゲンとなるオボアルブミン遺伝子を改変した成功例が報告された[7-10]。また、CRISPR-Cas9 で PGC の効率的なゲノム編集も報告されている[7-11]。これらの成果では PGC の培養系を利用しているが、現時点では PGC 培養は安定していないことから、汎用されるには至っていない。また、ゲノム編集によって遺伝子改変されたニワトリが生む卵を食品として利用するためには、成分分析や安全性の評価に加えて、消費者の受容を図る（社会受容）ための様々な活動が必要と考えられる。

111

8章 ゲノム編集の医学分野での利用

　ゲノム編集は，医学分野の基礎研究から臨床研究において，不可欠な技術となることが予想されている。疾患モデルの作製とそれを用いた疾患の発症メカニズムの解明，創薬スクリーニング，がん研究など様々な研究が進展している。特に海外では，ゲノム編集を利用した治療（ゲノム編集治療）が特定の遺伝性疾患やがんについて臨床試験段階に進んでおり，注目されている。本章では，医学研究におけるゲノム編集の重要性と，現在進行中の基礎から応用の研究について紹介する。

8.1　疾患モデル細胞・動物の作製

8.1.1　遺伝性疾患モデル

　ヒトでは 8000 を越える遺伝性疾患が存在すると予想され，そのうち約5000 の遺伝性疾患について，現在までに原因遺伝子が明らかにされている。原因遺伝子が明らかな疾患については，対象の遺伝子を改変したモデル細胞やモデル動物を作製して発症メカニズムの解明が可能であるが，従来技術（遺伝子ターゲティングなど）では効率的な作製が困難であった。このような状況で開発されたゲノム編集は，疾患モデル作製において革新的な技術となり，単に遺伝子を破壊するだけでなく，疾患の原因となる変異を正確に再現することも可能となりつつある。

　疾患の原因となる遺伝子の機能解析は，相同組換え（HR：homologous recombination）修復を介した薬剤耐性などの選択カセットの導入（4 章 2 節を参照）によって，限られた細胞種（DT-40 細胞，幹細胞など）で行われ

112

てきた。ゲノム編集によって様々な細胞種で標的遺伝子改変が可能になったことで，非相同末端結合（NHEJ：non-homologous end-joining）修復エラーを利用した indel 変異導入や相同組換え（HR：homologous recombination）修復を利用したノックインによって，現在，様々ながん細胞や不死化細胞，ES（embryonic stem）**細胞**や iPS（induced pluripotent stem）**細胞**などの幹細胞を用いて疾患モデル細胞の作製が実現している。一方，**初代培養細胞**（個体から採取し培養した細胞）は，正常細胞での遺伝子機能を正確に理解する上で有用であるが，株化細胞に比べるとゲノム編集ツールの導入効率や細胞増殖性が低く，総じてゲノム編集の難度は高い。また，疾患遺伝子破壊によって細胞死が誘導される場合，破壊細胞株を樹立することが基本的に困難である。このようなケースでは，ゲノム編集ツールの発現を条件的に誘導するなどの工夫が必要となる。

　遺伝性疾患は，単一の遺伝的変異に起因する**単一遺伝子疾患**（メンデル遺伝病）と，複数の遺伝的多型（遺伝的要因および環境要因）に起因する**多因子遺伝疾患**に分けられる[8-1]。近年，**ゲノムワイド関連解析**（GWAS：genome wide association study）によって，多因子遺伝疾患の原因と考えられる**一塩基多型**（SNP：single nucleotide polymorphism）が網羅的に推定されている。そのため，疾患の原因と考えられる SNP を培養細胞において効率良く再現することが，疾患研究や創薬では求められる。しかしながら，ゲノム編集を駆使しても培養細胞での SNP 改変は簡単ではない。特に複数の SNP を同時に改変することは，現状の技術ではハードルが高い。4 章 3 節で紹介した一塩基レベルの改変法のうち，目的の変異を導入するための方法としてどれが最適かを検討する必要がある。例えば，iPS 細胞での疾患モデル細胞の樹立には，*piggyBac* を用いた方法が主に利用されている。一本鎖オリゴ DNA（ssODN：single-stranded oligodeoxynucleotides）を用いた方法も成功率は高くなってはきたが，遺伝子座や細胞種によって条件検討が必要であり，複数の一塩基改変は現状では難しい。

　初代培養細胞や疾患患者から樹立した iPS 細胞は，様々な遺伝的背景を有しており，標準細胞と単純に比較するのが困難な場合がある（図 8.1）。そ

8章　ゲノム編集の医学分野での利用

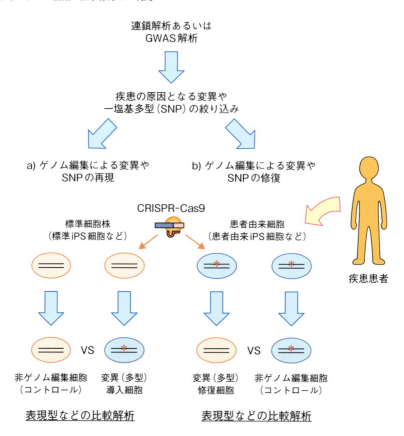

図 8.1　疾患モデル細胞の作製
連鎖解析や GWAS 解析によって原因変異や多型を絞り込み，それらをゲノム編集によって再現あるいは修復する。
a) 標準細胞株では，変異あるいは一塩基多型を導入した細胞と導入前の細胞を比較解析する。
b) 患者由来の細胞は，特異的な遺伝的背景を有するため，患者由来細胞において変異を修復した細胞を作製し比較解析する。

のため，疾患原因と考えられる塩基配列の変異を標準的な細胞に導入することによって比較解析を行うか（図 8.1a），疾患患者由来の細胞において原因変異を修復することによって比較解析を行う（図 8.1b）ことが必要となる。慶応大学の岡野栄之らのグループは，筋萎縮性側索硬化症（ALS）患者に見

られる *FUS* 遺伝子の変異を iPS 細胞に導入することによって，この変異が ALS の原因変異の 1 つであることを証明した[8-2]。さらに，京都大学の堀田秋津らは，デュシェンヌ型筋ジストロフィーの患者から樹立した iPS 細胞を対象として，原因のジストロフィン遺伝子をゲノム編集によって修復できることを示した[8-3]。これらの成果は，ゲノム編集によって遺伝子変異と疾患の相関関係を示すことが可能であることを示し，今後，ゲノム編集技術は疾患研究にますます必要になると考えられる。

　ゲノム編集による正確な遺伝子改変が動物個体で利用可能になったことで，疾患モデルは小型魚類，両生類，哺乳類など様々な動物において作製可能となった（表 8.1）。これらの疾患モデル動物は，疾患の発症メカニズムの解明に加えて，新しい治療法や診断法を開発する橋渡し研究（**トランスレーショナルリサーチ**）での利用が期待されている。

　小型魚類では，ゼブラフィッシュやメダカを利用して，疾患に関わる遺伝

表 8.1　疾患モデル動物

動物種	ゲノム編集 KO	ゲノム編集 KI(dsDNA)（レポーター遺伝子挿入など）	ゲノム編集 KI(ssODN)（一塩基改変）	疾患モデル	文献
ゼブラフィッシュ，メダカ	◎	○	◎	腎臓疾患，骨疾患血液疾患など	8-4)，8-5)
ネッタイツメガエル	◎	○	×	無虹彩症大腸腺腫症など	8-6)，8-7)
マウス	◎	○	◎	神経疾患，循環器系疾患血液疾患など多数	8-8)
ラット	◎	○	◎	神経疾患，循環器系疾患血液疾患など多数	8-9)
ブタ	○	△	×	筋ジストロフィー高脂血症	8-10)，8-11)
非ヒト霊長類（マーモセットなど）	○	×	×	小頭症重症複合免疫不全症	8-12)，8-13)

ゲノム編集によって様々な動物種において疾患モデルが作製されている。遺伝子破壊（KO）はすべての動物種で可能であるが，二本鎖 DNA ドナー（dsDNA）や ssODN を用いた遺伝子ノックイン（KI）の成否や効率は，動物種によって異なる。

8章　ゲノム編集の医学分野での利用

子の初期発生や器官形成での機能解析が積極的に進められ，腎臓や血液など
の疾患モデルが作製されている[8-4, 5]。ゲノム編集以前の小型魚類の研究では，
ランダム変異導入によって網羅的な変異体作製が進められてきたが，標的遺
伝子の破壊に加えて ssODN を用いた疾患変異導入が可能となっている[8-14]。
両生類では，*PAX6* 遺伝子などの破壊によるいくつかの疾患遺伝子の変異
個体の作製に成功しているが[8-6]，ssODN による変異導入は実用レベルとは
なっていない。

　哺乳類では，これまでマウス ES 細胞を用いて遺伝子ターゲティングに
よって両アレルの遺伝子をノックアウトした個体（ノックアウトマウス）を
作製することは可能であった（5章2節を参照）が，半年から一年程度の作
製期間を必要としていた。CRISPR-Cas9 を用いたゲノム編集では，ノック
アウトマウスの作製は1か月から数か月で可能となっており，疾患モデルマ
ウスの作製を加速させる大きな要因となっている。さらに，ssODN を用いて，
ヒトの原因変異を有した疾患モデルマウス作製が競って進められている。一
方，ヒトの原因変異を導入してもマウスでは病態を再現することができない
場合も多く，他の哺乳動物での疾患モデル作製も必要とされる。ラットは，
マウスよりサイズが大きく，古くから生理学，高血圧や神経疾患の研究に用
いられてきたが，ES 細胞による遺伝子ターゲティングの利用が困難であっ
た。大阪大学の真下知士らは，ZFN，TALEN および CRISPR-Cas9 を用い
たラットでの遺伝子改変をいち早く報告し，免疫不全モデルラットなど疾患
モデルの作製に成功している[8-14]。ラットでは ssODN を用いた原因変異の

コラム 8.1　ゲノムワイド関連解析（GWAS）

　疾患患者集団と健常者集団のゲノム全体での SNP を比較解析することに
よって，疾患患者集団に見られる SNP を同定し，SNP の頻度と疾患の関連
を統計的に調べる方法である。最新の GWAS データは，欧州バイオインフォ
マティクス研究所（EMBL-EBI）の GWAS Catalog（http://www.ebi.ac.uk/
gwas/）により収集・提供されている。

コラム 8.2　iPS 細胞

　京都大学の山中伸弥博士が開発した，ES 細胞と類似した性質を示す多能性幹細胞である。山中らは，ES 細胞で発現する遺伝子を in silico 解析によって 24 個に絞り込み，このうち 4 つの転写因子 Oct4, Sox2, Klf4, c-Myc（山中 4 因子と呼ばれる）が不可欠な因子であることを見いだした[8-15]。山中 4 因子を，様々な分化細胞で発現させることによって，三胚葉と生殖細胞への分化能（多能性）を維持しつつ無限増殖する iPS 細胞の樹立が可能であることが示されている（図 8.2）。iPS 細胞は，再生治療のための細胞としての有用性に加えて，疾患発症のメカニズムを解明するモデルとしても重要である。

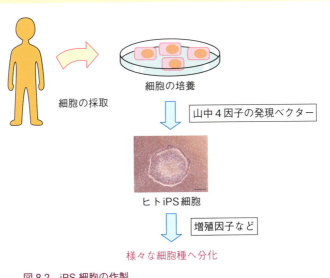

図 8.2　iPS 細胞の作製
個体から採取した細胞に，山中 4 因子を発現させることによって iPS 細胞を樹立する（iPS 細胞の写真提供：広島大学原爆放射線医科学研究所・宮本達雄氏）。iPS 細胞に増殖因子などを添加することによって，様々な種類の細胞へ分化させることができる。

8章　ゲノム編集の医学分野での利用

導入や大きいサイズの遺伝子ノックイン法も確立されていることから，今後
疾患研究の中心的なモデル動物としてニーズが高まることが予想される。

　マウスやラットで再現が難しい疾患に関して，大型哺乳類のブタを用いた
疾患モデル作製が進められている。明治大学の長嶋比呂志らは，核移植を介
したゲノム編集によるマルファン症候群のモデルブタの作製に成功してい
る[8-11]。神経疾患を再現する動物モデルとしては，非ヒト霊長類（カニクイ
ザルやアカゲザル，マーモセット）が期待される。実験動物中央研究所の
佐々木えりからは，マーモセットにおいて *ILr2g*（interleukin-2 receptor
subunit gamma）遺伝子破壊による**重症複合免疫不全症**（**SCID**：severe
combined immunodeficiency）**モデル**の作製を報告している[8-13]。ブタやマー
モセットの遺伝子改変は，現時点では遺伝子破壊であるが，今後の開発によっ
て，ssODN などを用いた正確な変異導入による疾患モデル作製も可能とな
ると予想される。

8.1.2　がんモデル

　ゲノム編集は，がん研究においても大きなインパクトを与えている。がん
は，複数の段階を経て発症する複雑な疾患であるが，発がんやがんの増殖や
浸潤，転移の機構を解明するためには，モデル動物が必要とされる。がんモ
デル動物としては，化学物質による発がん現象が，魚類やマウス・ラットな
どの哺乳類に用いられてきた。しかしながら，例えばマウスでは，各組織・
臓器特異的にがんを形成させるために，条件的に遺伝子を破壊できるマウ
ス（**コンディショナルノックアウトマウス**）を作製して，目的の組織や臓器
のみで遺伝子破壊を実行する必要があるが，このマウスの作製には多大な労
力が必要とされる。しかし最近，ゲノム編集を利用することによって，がん
モデルマウスの作製についても大きな進展が見られた。シュエ（Wen Xue）
らは，Cas9 ヌクレアーゼの発現プラスミドとがん抑制遺伝子（*PTEN* 遺伝
子および *p53* 遺伝子）を標的とする sgRNA を，ハイドロダイナミック注入
法によってマウス肝臓に送り込み，遺伝子ノックアウトによって肝臓に腫瘍
を形成させることに成功した[8-16]。また別の研究では，肺がんに見られる逆

位を誘導するため2種類のsgRNAとCas9ヌクレアーゼの発現カセットをアデノウイルスベクターに搭載し，作製したアデノウイルス粒子をマウスの肺上皮細胞へ感染させた。その結果，マウス肺において逆位が誘導され，6〜8週間後には肺に腫瘍を形成させることが報告された[8-17]。これらゲノム編集を利用した方法では，コンディショナルノックアウトマウスの作製の必要がなく，がんモデルを作製する簡便な方法と言える。

さらに，米国ブロード研究所のツァン（Feng Zhang）らとコッホ研究所がんセンターのシャープ（Phillip A. Sharp）らは，Cas9ヌクレアーゼを条件的に発現するマウスを作製し，様々な臓器にsgRNAを導入することによって，がんを誘導するシステムを報告した（図8.3）[8-18]。彼らは，3種類のがん関連遺伝子を切断するsgRNAの発現カセットをウイルスベクター

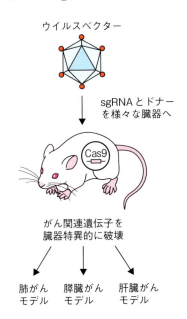

図8.3 がんモデルマウスの作製
Cas9ヌクレアーゼを発現するマウスへ，ウイルスベクターなどを用いて組織・臓器特異的にsgRNAを導入する。sgRNAによって特異的にがん関連遺伝子を破壊することでがんを誘導する。

（AAV9ベクター）に搭載し，肺特異的にCRISPR-Cas9による標的遺伝子への変異誘導を行った。その結果，8週後に肺がんを発症するマウスモデルの作製に成功した。同様のアイディアによって，膵臓がん[8-19]や肝臓がんをマウスに発症する研究も報告されている。これらの方法は，導入するsgRNAや対象の組織・臓器を変えるだけで簡便にがんを誘導することが可能となり，今後汎用的ながんモデルマウスの作製法となることが予想される。

　ゲノム編集は，がん関連遺伝子の探索においても新しい手法を提供している（図8.4）。これは，網羅的に遺伝子を破壊するCRISPRライブラリーを用いた方法であり，これまでの標的遺伝子を破壊する逆遺伝学的手法から順遺伝学的アプローチを可能にしたことで，多くの研究者を驚かせた。ヒトの遺伝子を標的とするsgRNAを網羅的に作製し，これをレンチウイルスベクターに組み込むことによって，すべての遺伝子を破壊するCRISPRライブラリーの作製が可能となる[8-20]。CRISPRライブラリーを細胞集団に感染

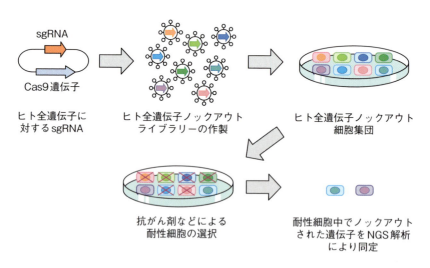

図8.4　CRISPRライブラリーによるヒト遺伝子の機能スクリーニング
　ヒトの全遺伝子を標的とするsgRNA発現レンチウイルスベクターを作製し，細胞株へ感染させる。それぞれの細胞で遺伝子が破壊され，選択圧をかけることによって表現型を示す細胞の選択，さらに選択細胞で発現するsgRNAから標的遺伝子を同定する。

させると，各細胞において1つ1つの遺伝子を破壊することができる。目的の表現型を示す細胞を選択し，発現している sgRNA の解析から，この細胞で破壊された遺伝子を探ることができるのである。ツァンらは，ヒトの約2万個の遺伝子と約1100個のマイクロ RNA を破壊する sgRNA 発現カセットを合成し，これを組み込んだ **GeCKO**（genome-scale CRISPR-Cas9 knockout）**ライブラリー**を利用して，腫瘍形成と転移に関連する遺伝子の同定に成功した[8-21]。

がんの発症には，遺伝子の変異に加えてエピジェネティックな変化が重要であることが知られている。特異的な DNA メチル化パターンの消失に加えて，ヒストン H3 と H4 のアセチル化レベルの低下とメチル化の進行が種々のがんにおいて見られる。このようながんのエピジェネティックな変化を抑制するため，エピジェネティクス制御化合物が開発されており効果が認められている。一方，エピジェネティクス制御化合物は関連する酵素の阻害剤であり，特定遺伝子のエピジェネティックな状態を変化させることが困難で，予期せぬ副作用も危惧される。そのため，エピゲノム編集（6章2節を参照）のような標的遺伝子の DNA やヒストンの修飾状態を改変する技術が，がん治療においても期待されている。

8.1.3　ヒト化動物

創薬においては，薬の候補となる化合物を培養細胞や動物個体を用いて評価する。特に生体内で動態を調べ，毒性や薬としての効果（薬効）を動物において評価することが必要となる。近年，**分子イメージング技術**の発展によって，候補化合物の生体内動態をマウスなどのモデル動物において調べることが可能になり，薬の候補を絞り込む研究も進展している。しかし，モデル動物の薬剤代謝酵素とヒトの相同な酵素が同じ活性や動態を示すとは限らない。そのため，前臨床試験の1つとして，ヒトの細胞や相同遺伝子に置き換えた**ヒト化動物**での化合物評価が大きく期待されている。

ヒト化動物は，ヒトの細胞や組織・臓器をもつ動物と，ヒト遺伝子を置き換える動物に大別される[8-22]。例えば前者では，ヒトの肝細胞をもったヒト

8章　ゲノム編集の医学分野での利用

肝細胞キメラマウスが作製され，ヒト肝細胞に与える化合物の影響を個体において評価することが可能となっている。後者においては，ゲノム編集技術を利用することによってモデル動物の内在遺伝子を破壊し，ヒト相同遺伝子を遺伝子ノックインによって導入することが可能である。また，対象の遺伝子をゲノム編集によって破壊した後，ヒト相同遺伝子を組み込んだヒト人工染色体（HAC：human artificial chromosome）を利用して対象の遺伝子産物を安定的に発現させる方法にも期待が寄せられている。

8.2　ゲノム編集を用いた疾患治療

ゲノム編集は，様々な疾患治療（ウイルス感染，T細胞免疫治療，血液疾患，神経筋疾患，皮膚疾患，呼吸器疾患など）への利用可能性が示されている[8-23]。本節では，ゲノム編集を利用した治療に向けた研究について紹介する。

8.2.1　遺伝性疾患の体細胞治療

遺伝性疾患のほとんどは有効な治療法が確立されておらず，対症療法に頼らざるを得ないのが現状である。**酵素補充法**など有効な治療法が確立されている遺伝性疾患は限られている。そのため，機能しない遺伝子の代わりに，機能的な遺伝子を導入する遺伝子治療が注目されてきた。2000年以降にはウイルスベクターを利用した造血幹細胞での遺伝子治療によってX-SCIDなどの臨床研究が進んできた。しかしながら，当初利用されていた**レトロウイルスベクター**が，予期せぬ挿入によって白血病を引き起こしたことから，国内での遺伝子治療は進んでいないのが現状である。一方，海外においては**アデノ随伴ウイルス**（**AAV**：adeno-associated virus）**ベクター**を利用した遺伝子治療研究に進展が見られ，ゲノム編集技術との両輪による新たな遺伝子治療法に期待が寄せられている。

ゲノム編集での治療は，体細胞での治療が基本となる。10章で述べるが，次世代へ改変が受け継がれる生殖細胞や受精胚でのゲノム編集は，現時点では安全性と生命倫理の観点から，治療目的であっても時期尚早である。体細

122

8.2 ゲノム編集を用いた疾患治療

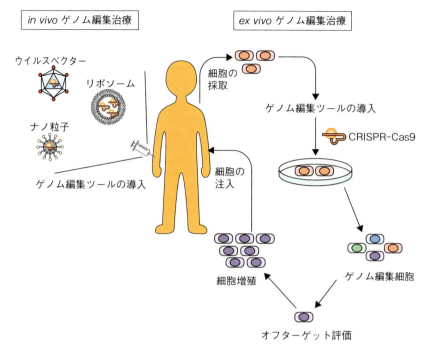

図 8.5　*in vivo* と *ex vivo* のゲノム編集治療
in vivo ゲノム編集治療では，ゲノム編集ツールをウイルスベクターやナノ粒子，リポソームなどを利用して送達し，患者体内の細胞を改変する．*ex vivo* ゲノム編集治療では，患者から採取した細胞をゲノム編集によって改変し，目的の改変細胞を増殖したのちに細胞を注入する．(文献 8-23 を改変して転載)

胞のゲノム編集治療は，ゲノム編集ツールをウイルスベクターやリポソーム，ナノ粒子などを用いて生体内で治療する *in vivo* 治療と，採取した細胞を生体外でゲノム編集によって改変後生体内に戻す *ex vivo* 治療に分けられる（図 8.5）．ゲノム編集を利用した体細胞における治療では，①病原性タンパク質を産生する変異遺伝子を破壊する方法（図 8.6a），②機能を喪失した（あるいは変異した）タンパク質を産生する変異遺伝子を NHEJ 修復エラーによって修正する方法（図 8.6b），③機能を喪失した（あるいは変異した）タンパク質を産生する変異遺伝子をドナーベクターや ssODN を鋳型とした HDR

8章 ゲノム編集の医学分野での利用

a) 病原性遺伝子の破壊

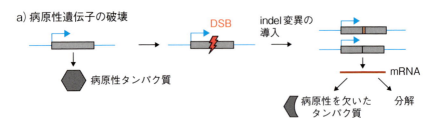

b) NHEJ修復エラーによる修正

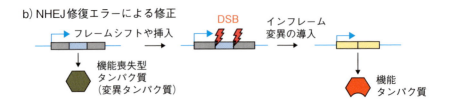

c) HDRによる修正

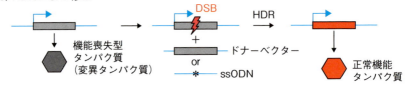

d) HDRによる遺伝子付加

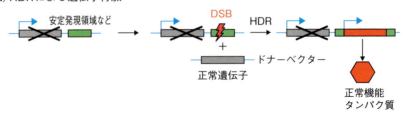

図 8.6　ゲノム編集治療のための遺伝子改変
　a) 病原性遺伝子へ indel 変異を導入することによって，病原性を欠いた遺伝子に改変する。b) 機能喪失変異の入った遺伝子へ indel 変異を導入することによって，機能タンパク質を発現する遺伝子に改変する。c) SNP によって活性低下を引き起こす（あるいは機能喪失を引き起こす）変異の入った遺伝子を，ssODN などの鋳型を用いて修復する。d) 機能遺伝子を異なる領域へ挿入することによって，機能タンパク質の発現を回復させる。（文献 8-24 を改変して転載）

（homology-directed repair）によって正常な機能タンパク質に修正する方法（図 8.6c），④正常遺伝子を別の場所に挿入することによって正常な機能タンパク質を発現させる方法（図 8.6d），が考えられる。

in vivo 治療法としては，上述の④の方法によって，肝臓において正しい遺伝子を挿入する治療が，**血友病やムコ多糖症**において臨床試験として進められている。サンガモセラピューティクス社は，第一世代の ZFN を利用して，血友病 B 患者のアルブミン遺伝子座へ正しい配列をもった**血液凝固第IX因子遺伝子**を挿入した。この方法は，マウスモデルでの実証研究において効果が確認され，ヒトにおいても血液凝固因子の血中濃度を治療効果が期待される濃度まで持続的に上昇させることに成功している。さらに，同社は**ムコ多糖症I型**（**MPS I型**）と**ムコ多糖症II型**（**MPS II型**）のゲノム編集治療の臨床試験を開始している。これらのゲノム編集治療は，血友病 B と同じく ZFN と正しい配列を有した遺伝子をアルブミン遺伝子座へ挿入することによって，機能的なタンパク質の発現を回復させる。いずれの方法においても，ウイルスベクターを用いてゲノム編集ツールと正しい配列を有した遺伝子を標的組織や臓器の細胞に運び，細胞内で作用させる効率が治療効果に直結する。

これまでの遺伝性疾患の *in vivo* 治療は，機能遺伝子を別の領域に挿入する方法であるが，今後は ssODN などの鋳型を用いて *in vivo* で壊れた遺伝子を修復する上述の③の方法も期待がもたれる。すでにモデルマウスでは，*in vivo* でのゲノム編集による病態回復が証明されている。米国 MIT のイン（Hao Yin）らは，マウス高チロシン血症モデルを用いて，CRISPR-Cas9 とsgRNA，修復用 ssODN をハイドロダイナミック注入することによって，肝細胞での一塩基レベルの改変に成功した[8-25]。この方法がヒトの遺伝性疾患の治療に応用できるかどうかは現時点では不明であるが，変異の入った遺伝子を元の機能的な遺伝子に修復する方法（**ゲノム手術**）として期待される。

8.2.2　がんの体細胞治療

がん細胞は，免疫細胞からの攻撃を巧妙に抑え，増殖していくことが

8章　ゲノム編集の医学分野での利用

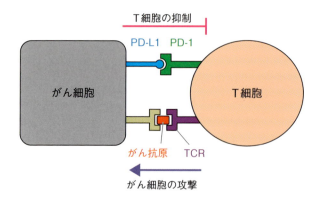

図 8.7　がん細胞の免疫回避機構
　　T細胞は，T細胞受容体（TCR）を介してがん細胞を攻撃する．一方，がん細胞は PD-L1 によって PD-1 に結合し，T細胞を抑制する．

知られている．免疫細胞である T 細胞は，T 細胞受容体（TCR：T cell receptor）を介してがんを攻撃する一方で，過剰な免疫反応を抑える機構を有しており，**PD-1**（programmed cell death-1）**タンパク質**などの膜タンパク質がこの機構に働く．がん細胞は，膜タンパク質の PD-L1（programmed cell death-1 ligand-1）タンパク質を発現し，PD-L1 によって PD-1 の活性化と T 細胞の免疫力を抑制する（図 8.7）．最近，がん免疫治療薬の標的分子としてこの PD-1 が注目され，PD-1 の働きを抑える抗体が新薬（商品名：**オプジーボ**）として肺がんや皮膚がんの治療に有効であることが示されている．オプジーボは，PD-1 を標的とすることによって，がん細胞の PD-L1 による攻撃を避け，高い免疫力を維持してがん細胞を攻撃する．このような新薬の開発から，PD-1 をゲノム編集によって破壊できれば，がん細胞からの抑制を回避する T 細胞が作製できるのではないかと考えられた．このアイディアに従って，CRISPR-Cas9 によって PD-1 を破壊した T 細胞を作製し，正確な改変が確認された編集細胞を非細胞肺がん，膀胱がん，浸潤性膀胱がん，腎臓細胞がんの患者に注入する *ex vivo* 治療が，中国の北京大学や米国のペンシルバニア大学において進められている．

　がん免疫療法として，**キメラ抗原受容体**（**CAR**：chimeric antigen

receptor）を発現する T 細胞（**CAR-T 細胞**）を用いた方法が期待されている。CAR は，がん細胞を特異的に認識する抗体の抗原結合部位と補助受容体を融合した人工タンパク質であり，CAR-T 細胞はがんと特異的に結合すると増殖し，がん細胞を傷害する。英国グレート・オーモンド・ストリート病院では，特定の腫瘍抗原に対する CAR-T 細胞を他人の T 細胞から作製するとともに，TALEN によって内在の T 細胞受容体と抗がん剤の受容体を破壊したユニバーサル CAR-T 細胞を作製し，これを用いた幼児の白血病の治療に成功している[8-25]。

8.2.3 ウイルスの感染や増殖の抑制

　ウイルスは，宿主細胞の細胞膜タンパク質（受容体）を利用して細胞内へ侵入する。侵入したウイルスは，宿主細胞内の複製システムを利用して増幅し，作製されたウイルス粒子は多くの場合，宿主細胞を破壊し細胞外へ放出される。このウイルスの感染や増殖を，ゲノム編集によって抑制する研究成果が報告されている。ウイルス感染を防ぐゲノム編集としては，宿主細胞のウイルス受容体の遺伝子を破壊することが有効である。例えば HIV は，T リンパ球細胞膜上の **CD4 受容体**と **CCR5**（C-C chemokine receptor type 5）**共同受容体**の 2 つの細胞膜タンパク質を介して感染する。このうち *CCR5* 遺伝子は細胞の生死に影響しないことがわかっている。さらに *CCR5* 遺伝子の変異によって HIV 抵抗性をもつヒト集団が北欧に存在することが知られていた。そこで，HIV が感染できない CCR5 破壊細胞が作製され，これを移植する治療法が開発された。具体的には，HIV 感染者の T 細胞を採取し，ZFN によって *CCR5* 遺伝子を破壊した細胞を作製して患者に移植する（図8.8）。これによって，HIV は移植された細胞には感染できず，患者からウイルス量が減少することが示されている。

　ウイルスの増殖を抑制する方法として，細胞内に侵入したウイルスゲノムをゲノム編集によって破壊や除去することも有効である。HIV は潜伏期には T リンパ細胞の染色体に組み込まれている。このようなプロウイルスの状態でゲノム編集によって HIV を破壊することも可能なことが報告されて

8章 ゲノム編集の医学分野での利用

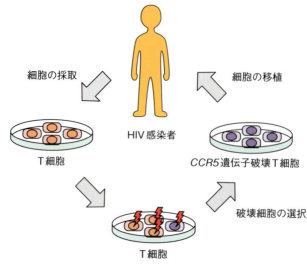

図 8.8 HIV のゲノム編集治療
HIV 感染者から T 細胞を採取し，ZFN を用いて *CCR5* 遺伝子を破壊する．作製した T 細胞を感染者へ注入することによって治療を行う．（文献 8-1 より改変）

いる．京都大学の小柳義夫のグループは，TALEN や CRISPR-Cas9 によって効果的に HIV プロウイルスを HIV 潜伏感染細胞から除くことに成功している[8-26]．**ヒト B 型肝炎ウイルス（HBV）**は，球状の DNA ウイルスで，感染すると**完全閉鎖二本鎖 DNA（cccDNA**：covalently closed circular DNA）として肝細胞にとどまる．この cccDNA を CRISPR-Cas9 によって切断し，HBV の増殖を抑制する研究が世界中で競って進められている．筆者らのグループは，茶山一彰らのグループと HBV のゲノムを同時に複数箇所切断する CRISPR-Cas9 ベクターを開発しており，培養細胞において HBV を効果的に破壊することに成功している[8-27]．現時点では，*in vivo* において効率良くデリバリーする方法の開発などの課題はあるが，肝臓で一過的に発現させることができれば HBV の治療に利用可能な技術に発展する可能性がある．

8.2.4 再生医療におけるゲノム編集の利用

再生医療では，機能不全となった器官や臓器を，生体外で増殖させた細胞を利用して機能回復を図る．この再生医療に必要な細胞作製においても，ゲノム編集は重要な技術となる可能性がある．特に ES 細胞や iPS 細胞などの幹細胞でのゲノム編集は効率的である．幹細胞は，分化遺伝子などのエピジェネティックな修飾が進んでいないため，ゲノム編集ツールが様々な遺伝子座へアクセスしやすいことが1つの理由と考えられる．患者由来の iPS 細胞でゲノム編集によって正確に遺伝子が修復された細胞を選択し，必要な細胞種に分化させて治療に利用することができれば，倫理問題や拒絶反応の問題を解決できる (図 8.9)．しかしながら，iPS 細胞から目的の細胞に効率的に分化させる方法の確立や治療に必要な細胞へ増殖する技術の確立など，多くの解決すべき課題が残っている．

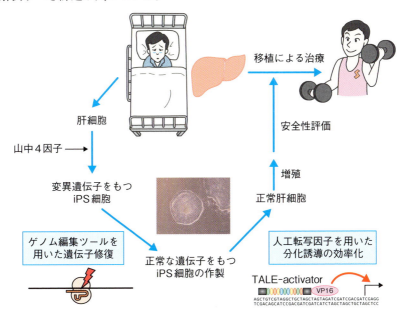

図 8.9 再生医療でのゲノム編集の可能性
患者から採取した細胞から iPS 細胞を樹立し，疾患変異をゲノム編集によって修復する．修復された iPS 細胞から必要な細胞に分化・増殖させ，*ex vivo* ゲノム編集治療に利用する．(iPS 細胞の写真提供：宮本達雄氏)

9章 ゲノム編集のオフターゲット作用とモザイク現象

ゲノム編集では，人工 DNA 切断酵素によって標的遺伝子とは異なる箇所へ切断が誘導されるオフターゲット作用や，同一個体内へ異なるタイプの変異が導入されるモザイク現象が指摘されている。本章では，ゲノム編集でのオフターゲット作用とその評価法について理解する。さらに，最近開発されているオフターゲット作用を低減する技術について学ぶ。また，ゲノム編集によって，ゲノム編集生物を作製する際に見られる変異モザイクについて解説する。

9.1　オフターゲット作用

ゲノム編集では，標的配列の類似配列が存在する場合，類似配列への切断が誘導される現象が見られる（図 9.1）。この予期せぬ切断は，**オフターゲット作用**（off-target effect）と呼ばれ，オフターゲット作用による変異導入がゲノム編集技術を利用する際の問題となる。オフターゲット作用は，利用するゲノム編集ツールによってその程度が異なることが知られている（表 2.2 を参照）。ZFN では，オフターゲット作用による類似配列への変異導入の頻度が高いため，ジンクフィンガーのリピート数が少ない場合には注意が必要である。CRISPR-Cas9 では，一本鎖ガイド RNA（sgRNA：single-guide RNA）の標的配列への結合特異性が 3′ 側で低いことから，オフターゲット作用が高い傾向にあり，sgRNA に依存した変異導入が報告されている。これに対して，TALEN の認識配列は長く，一般にオフターゲット作用は低い。

オフターゲット変異導入の頻度は，対象とする細胞や生物個体の DNA 二

9.1 オフターゲット作用

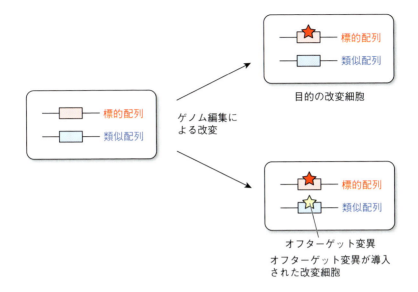

図9.1 オフターゲット作用
標的配列の類似配列が存在する場合，ゲノム編集ツールの導入によって，標的配列に加えて類似配列へDSBが導入される（オフターゲット作用）。類似配列への低頻度のDSBによって，オフターゲット変異が導入される。

本鎖切断（DSB：double-strand break）修復活性にも依存することが報告されている。実験でよく利用される不死化細胞株やがん細胞株では，DSB修復活性が低く，オフターゲット変異が入りやすい傾向にある[9-1]。これに対して，ES細胞やiPS細胞などの幹細胞では変異導入の頻度が低いことが複数のグループから報告されている[9-2]。また，個体レベルのオフターゲット変異導入についても，特異性の高いゲノム編集ツールを利用した場合，幹細胞と同様にその頻度は低いと考えられる。

9章 ゲノム編集のオフターゲット作用とモザイク現象

9.2 オフターゲット作用の評価法

オフターゲット作用は，主に類似配列へ導入された変異の有無によって評価される（図9.2）。in silico の解析によって，ゲノム中のオフターゲット候補の箇所をリストアップし，標的遺伝子を改変した細胞や個体における候補箇所での変異をヘテロ二重鎖移動度分析（HMA：heteroduplex mobility assay）（3章2節を参照），Cel-Iアッセイやサンガー法でのシークエンスによって解析する。これらの方法によって類似配列に変異が検出されない場合，利用したツールでの高頻度のオフターゲット変異導入は起きていないことが確認できる。一般的な遺伝子ノックアウトであれば，標的遺伝子に対して複

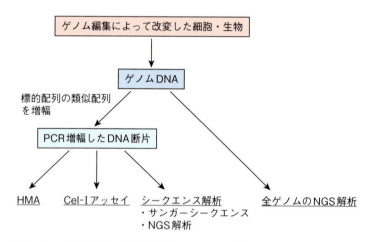

図9.2 オフターゲット作用の評価法
 ゲノム編集によって改変した細胞や生物からゲノムDNAを抽出し，オフターゲット変異導入の有無を調べることが，オフターゲット評価の基本となる。
 a) ゲノムDNAを鋳型として，標的配列の類似配列をPCRによって増幅し，HMAやCel-Iアッセイ，サンガーシークエンスによって変異の有無を調べる。さらに類似配列のPCR産物をNGS解析することによって低頻度のオフターゲット変異を解析できる。
 b) ゲノムDNAを対象として，NGS解析によって全ゲノムを解析し変異の有無を調べる。

数のツール（CRISPR-Cas9であれば2種類のsgRNAを用いるなど）を用いてそれぞれゲノム編集を行い，オフターゲット変異導入の無いことと表現型が一致することを確認するのが理想的である。一方，上述のオフターゲットの解析方法は検出感度が低いため，低頻度で起こるオフターゲット変異の検出は困難である。このような場合，類似配列を含むPCR産物を用いて次世代シークエンサー（NGS：next generation sequencer）解析によって低頻度で起こる変異を検出する方法が有効である。

　オフターゲット作用による切断頻度が低い場合，必ずしも類似配列へ変異が導入されるとは限らない。非相同末端結合（NHEJ：non-homologous end-joining）修復はエラーが起こりやすい修復経路であるが，同じ箇所に何度も切断が誘導されることで変異が入る。切断頻度が低い場合は正確に修復され，変異導入されないこともある。このような低頻度の切断であっても，ゲノム編集ツールの発現カセットをゲノム中に挿入する場合や，ウイルスベクターを用いる場合は長期にわたって切断を受けることになり，変異導入が危惧される。そのため，安全性の確保が必要なゲノム編集では，オフターゲット変異導入を調べるだけでは十分とは言えず，オフターゲット切断の起こるゲノム部位を調べ，変異導入の起こる可能性のある箇所をゲノム全体で網羅的に調べることが必要とされる。このような解析が必要なケースとしては，治療用細胞の作製などが挙げられる。治療用細胞の場合，オフターゲット変異がゲノム全体で導入されていないことに加えて，**全ゲノムシークエンス**によって自然突然変異で起こる頻度以上の変異が導入されていないことの確認が想定される。実際，アメリカ食品医薬品局（FDA：Food and Drug Administration）は，ヒト造血幹細胞でのゲノム編集において，臨床試験前にゲノム全体での複数のオフターゲット候補配列のNGS解析データを求めている。

　オフターゲット切断の起こるゲノム部位をゲノム全体で調べる方法として，NGS解析を利用した複数の方法が開発されている。**GUIDE-seq**（genome-wide, unbiased identification of DSBs enabled by sequencing）**法**は，細胞中でDSBが誘導された箇所に末端の平滑な短鎖の二本鎖DNA断

9章　ゲノム編集のオフターゲット作用とモザイク現象

a) GUIDE-seq法

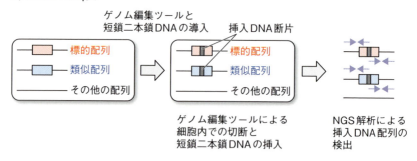

b) Digenome-seq法

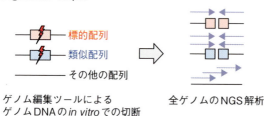

図9.3　オフターゲット切断箇所の評価法
　a) GUIDE-seq法。細胞にゲノム編集ツールと短鎖二本鎖DNAを導入し，切断箇所へDNA断片を挿入する。ゲノムDNAを抽出し，DNA断片が挿入された箇所をNGS解析によって網羅的に解析する。
　b) Digenome-seq法。対象とする細胞や生物からゲノムDNAを抽出し，人工DNA切断酵素によって *in vitro* で切断する。NGS解析でリードが高頻度で停止する箇所をオフターゲット切断箇所として特定する。

片を挿入し，DNA断片の挿入されたゲノム部位をNGSによって網羅的に解析する方法である[9-3]（図9.3a）。この方法は，*in vivo*（生体内）のクロマチン構造を反映したオフターゲット評価が可能な優れた方法である。一方，**Digenome-seq**（digested genome sequencing）**法**は，抽出したゲノムDNAをCRISPR-Cas9のリボ核タンパク質（RNP：ribonucleoprotein）によって *in vitro* で切断し，切断箇所をNGSによって網羅的に解析する方法である[9-4]（図9.3b）。この方法は，簡便で様々な細胞・生物で利用可能で

> **解析法 9.1　ウェブツールによるオフターゲット検索**
>
> ゲノム中の CRISPR-Cas9 のオフターゲット候補箇所を調べるための数多くのウェブツールが公開されている。2 章で紹介した CRISPRdirect [9-6) をはじめとして，CRISPR design tool [9-7) や CasOFFinder [9-8) などのツールがよく利用されている。これらのツールに加えて，ジョージア工科大学のバオ（Gang Bao）らが開発した COSMID [9-9) というツールでは，欠失や挿入を含むオフターゲット候補を効率的に調べることができる。sgRNA と標的 DNA は，塩基のミスマッチを含んで結合するだけでなく，欠失や挿入があると DNA や RNA のバルジ構造をつくり，結合することが知られている [9-10)（図 9.4）。
>
>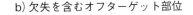
>
>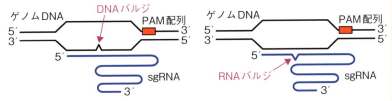
>
> **図 9.4　挿入や欠失を伴う CRISPR-Cas9 のオフターゲット部位**
> a) DNA に塩基挿入が見られる配列では，DNA バルジが形成され sgRNA が結合する。
> b) DNA に塩基欠失が見られる配列では，RNA バルジが形成され sgRNA が結合する。

あるが，生体内でのオフターゲット切断を再現できていない可能性もある。この他，dCas9 の結合する部分をクロマチン免疫沈降（ChIP：chromatin immunoprecipitation）を用いて網羅的に解析する方法など，多数の方法が開発されている [9-5)。

9.3　オフターゲット作用を低減する技術

オフターゲット作用を抑えるための開発は，CRISPR-Cas9 を中心に進め

9章　ゲノム編集のオフターゲット作用とモザイク現象

られている。CRISPR-Cas9 では結合特異性を向上させるため，Cas9 ヌク
レアーゼのアミノ酸配列を改変した変異体が複数報告されている。SpCas9-
HF1 [9-11] と eSpCas9 [9-12] は，非特異的な DNA との結合を弱めるアミノ酸改
変によって作製された変異体で，オフターゲット配列への変異導入が低減
される一方，標的配列への高い変異導入活性を維持している。また，カリ
フォルニア大学バークレー校のダウドナ（Jennifer Doudna）らは，Cas9 ヌ
クレアーゼの非触媒ドメインの改変によって，さらに特異性を上昇させた
HypaCas9 の開発を報告している [9-13]。

　オフターゲット変異導入を抑える別の方法として，sgRNA の 5′ 側の数
塩基を削ったトランケート型 sgRNA を用いた方法が有効である [9-14]。こ
の sgRNA は trugRNAs と呼ばれ，標的配列と相補的な 17 あるいは 18 塩
基を有する。標的配列や利用する細胞に依存することが予想されるが，
trugRNAs を使うことによって 5000 倍以上のオフターゲット変異導入を抑
制できることが報告されている。また，sgRNA の 5′ 側にグアニン塩基を 2
塩基付加することによるオフターゲット変異導入の抑制効果も示されてい
る [9-15]。

　上述の方法に加えて，Cas9 ヌクレアーゼの 2 つのヌクレアーゼドメイ
ンの 1 つに変異を導入した Cas9 ニッカーゼ（nCas9）を利用した方法も
有効である [9-16]（図 9.5a）。nCas9 は DNA ニックを導入するため，1 つの
sgRNA では DSB を誘導することはできないが，隣接する 2 つの sgRNA を
利用することによって DSB を誘導できる（ダブルニッキング）。この方法
の利点は，sgRNA がオフターゲット配列に結合した場合でも DSB は誘導
されず，オフターゲット変異導入の確率を低くできることである。オフター
ゲット作用をさらに抑える方法として，dCas9 に FokⅠのヌクレアーゼド
メインを連結した FokⅠ-dCas9 を利用した方法（FokⅠ-dCas9 法）が有効
である [9-17]（図 9.5b）。ダブルニッキングと同様に隣接して結合する 2 つの
sgRNA を利用して，FokⅠが二量体を形成した場合にのみ DSB が誘導され
る。この方法は，1 つの sgRNA がオフターゲット配列に結合したときには，
DNA の切断は誘導されないので安全性が高いと考えられる。一方，FokⅠ

a) ダブルニッキング法

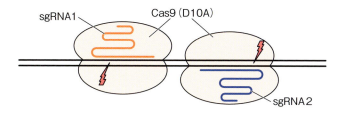

b) FokI-dCas9法

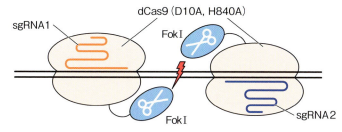

図 9.5　ダブルニッキング法と FokI-dCas9 法
a) Cas9 の変異体（D10A）は，sgRNA と複合体を形成し，標的配列へ DNA ニックを導入する．近接する 2 つの sgRNA を利用することによって，両鎖へ DNA ニックが導入され，DSB が誘導される．
b) Cas9 の変異体（D10A，H840A）は，2 つの DNA 切断ドメインに変異が導入された dead Cas9（dCas9）である．dCas9 に人工ヌクレアーゼで利用される FokI の DNA 切断ドメインを連結した FokI-dCas9 がペアで働くことによって，DSB が誘導される．

が二量体を形成する適切な距離に sgRNA を設計できない場合には利用することができないため，FokI-dCas9 法は技術的には難度の高い方法である．

9.4　導入変異のモザイク現象

ゲノム編集ツールを受精卵などに導入すると，多くの場合，初期の細胞分裂（卵割）後にそれぞれの細胞で異なる変異が導入される．一方，個体中には変異が修復された正常な細胞も存在する可能性がある．このように同じ標

9章　ゲノム編集のオフターゲット作用とモザイク現象

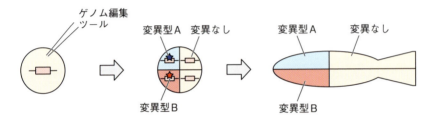

図 9.6　ゲノム編集でのモザイク現象
受精卵へゲノム編集ツールを導入すると，受精卵あるいは初期胚の細胞で変異が導入される。a) 受精卵で両アレルに変異が導入されると均一な変異をもった個体が作製できるが，b) 多くの場合，初期胚の細胞ごとに異なる変異が導入され，変異モザイクとなる。また，変異が導入されない細胞が混在する場合もある。

的配列に対して，様々なタイプの遺伝子型が同一個体に存在する現象を**モザイク現象**とよんでいる (図 9.6)。一般にゲノム編集ツールは，プラスミドDNA や mRNA の形で注入されるので，転写や翻訳の過程を経て機能的となる。そのため，卵割の早い生物種では，受精卵で機能的なゲノム編集ツールの発現が十分ではなく，モザイク性が高くなる傾向が見られる。この問題を解決する方法としては，CRISPR-Cas9 の RNP の導入が有効である。RNPを利用することによって，転写・翻訳の過程を経ることなく DSB を導入することが可能となる。最近では，効率性と簡便性から，RNP の導入による生物個体のゲノム編集法が主流となりつつある。

モザイク性を抑える方法として，マイクロホモロジー媒介末端結合 (MMEJ

9.4 導入変異のモザイク現象

: microhomology-mediated end-joining）経路によって DSB を修復する方法が有効である（3章1節を参照)。NHEJ 経路での修復は，様々な indel 変異が導入され，それらの変異は必ずしも遺伝子機能破壊とはならず，変異モザイクとなる（個体内に破壊細胞と正常細胞が混在する)。これに対して，MMEJ では DSB の両側のマイクロホモロジー配列から効率的なフレームシフト変異を予測できる。これを利用すると，独立に起こった DSB で同じタイプの変異の導入と遺伝子破壊を誘導することができる。

　モザイク現象は，世代時間の長い生物種を対象としたゲノム編集研究では，特に大きな問題となる。世代時間の長い（1 年以上）生物種では，長期間の飼育が必要となり，可能な限り F0 世代で遺伝子改変の影響を調べることが望まれる。そのため，モザイク現象を抑えるための上述の工夫に加えて，対象とする生物種でモザイク性を抑えるのに適したゲノム編集ツールを選択することが重要である。CRISPR-Cas9 は簡便かつ効率的であるが，生物種によってはこれまでのゲノム編集ツールの方がより高い効率で変異を導入する場合もある。実際，筆者らのグループは，マグロやマーモセットの遺伝子改変を共同研究で進めているが，これらの生物種ではモザイク性の低いプラチナ TALEN（Platinum TALEN）を用いてゲノム編集を行っている[9-18]。

9

ゲノム編集のオフターゲット作用とモザイク現象

139

10章 ゲノム編集生物の取扱いとヒト生殖細胞・受精卵・胚でのゲノム編集

ゲノム編集技術を利用して作製した生物個体（ゲノム編集生物）の取扱いは，導入された変異のタイプによって異なる。また，ゲノム編集実験には，多くの場合遺伝子組換え実験が含まれ，ゲノム編集ツールの形状（DNA, RNA やタンパク質）や導入方法，対象とする細胞・生物によって，遺伝子組換え実験に該当するかどうかを検討する必要がある。本章では，ゲノム編集実験での注意点と，現時点でのゲノム編集生物の取扱いについて学ぶ。また，最近開発されたゲノム編集を利用した遺伝子ドライブおよび，ヒト生殖細胞・受精卵・胚を用いたゲノム編集研究の現状について紹介する。

10.1　ゲノム編集と遺伝子組換え

本書で紹介してきたように，ゲノム編集は様々なタイプの遺伝子改変が可能な技術である。それではゲノム編集技術は，これまでの遺伝子組換えと何が違うのか？　遺伝子組換え技術を含む研究は，生物多様性の維持を目的とした法律である**カルタヘナ法**（コラム 10.1）の下に実験を実施する必要がある。本来その生物が有していない外来遺伝子をゲノム中へ挿入する実験は，基本的に遺伝子組換え実験に該当する。一方，ゲノム編集ではゲノム編集ツールによる切断によって，外来遺伝子の導入（遺伝子ノックイン）と，自然突然変異でも見られる欠失変異の導入が可能である。このことから，ゲノム編集は，遺伝子組換えに該当する実験と，該当しない可能性のある実験の両方を含む技術であると言える。

140

10.1　ゲノム編集と遺伝子組換え

　ゲノム編集によって自然突然変異と同レベルの変異を導入する実験は，遺伝子組換え実験に該当しない可能性があるものの，必要なゲノム編集ツールの作製法や導入方法（ウイルスベクターを介した方法など）によっては遺伝子組換え実験に該当する場合があり，注意が必要である。ゲノム編集ツールをタンパク質として導入する場合は，基本的に遺伝子組換えには当たらない。ZFN や TALEN のタンパク質を細胞や受精卵へ導入する実験がこれにあたる（CRISPR-Cas9 については以下で説明）。しかしながら，ゲノム編集ツールの発現ベクターを作製する段階で，大腸菌での分子クローニングを行う場合がほとんどであり，作製段階に遺伝子組換え実験が含まれる。また，ゲノム編集ツールをウイルスベクターを用いて発現する場合は，培養細胞が対象であっても遺伝子組換え実験となる。このように，ゲノム編集実験を行う場合は，ゲノム編集ツールの作製と導入，対象とする細胞や生物でのゲノム編集実験の各段階において，カルタヘナ法の対象かどうかを検討する必要がある。

　上述のように，ゲノム編集ツールの作製には，多くの場合，遺伝子組換え実験が含まれる。ゲノム編集ツールを自身で作製・改良する実験，一本鎖ガイド RNA（sgRNA : single-guide RNA）を発現するベクターを構築する実験，ゲノム編集ツールを発現するウイルス粒子を作製する実験など，多くの実験が遺伝子組換え実験に該当する。入手した ZFN や TALEN，CRISPR-Cas9 のプラスミドを大腸菌で増幅する実験も当然遺伝子組換え実験となる。Addgene からゲノム編集ツールを入手する場合（2 章 2 節 7 項），発現ベクターのプラスミドが形質転換された大腸菌として送付されるので，事前に組換え DNA 実験の申請が必要である。この他，外来遺伝子導入用のドナーベクターの増幅や構築も遺伝子組換え実験となる。

　ゲノム編集実験が遺伝子組換えに該当するかどうかは，ゲノム編集ツールの形状（プラスミド DNA，mRNA，タンパク質，ウイルスベクター）と対象細胞・生物（培養細胞，組織，精子や卵などの配偶子，生物個体）によって考え方が異なる（図 10.1）。培養細胞や組織はカルタヘナ法の対象外であり，ゲノム編集ツールの形状に関わらず，基本的に遺伝子組換え実験には該

10

ゲノム編集生物の取扱いとヒト生殖細胞・受精卵・胚でのゲノム編集

141

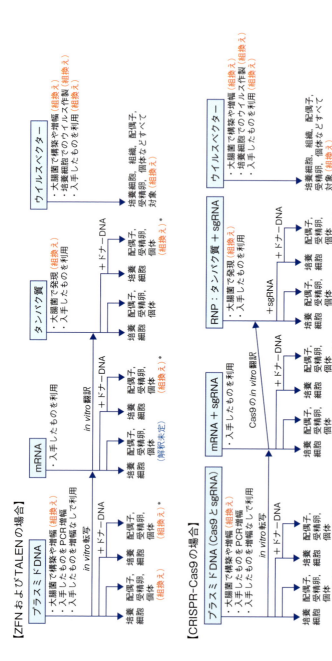

図10.1 **ゲノム編集ツールの作製とゲノム編集細胞・個体の作製：遺伝子組換え実験に該当するかどうか**

ゲノム編集ツールをプラスミドDNA, mRNA, タンパク質, ウイルスベクターを用いて, 培養細胞あるいは配偶子・受精卵・個体へ導入する実験において, 遺伝子組換えに該当するかどうかを示した. 上段はZFNやTALENを用いた実験, 下段はCRISPR-Cas9を用いた実験を大腸菌で構築する場合は, 遺伝子組換え実験に合まれる.

*：作製された個体は, 塩基置換や短いドナーDNAが挿入された生物は遺伝子組換え生物に該当しない可能性がある.

当しない（ウイルスベクターを利用する場合については後述）。動物の受精卵については，ゲノム編集ツールの種類と形状に依存して，実験上の注意点が異なる。ゲノム編集ツールを mRNA の形状で導入した生物個体での扱いについては，遺伝子組換え実験から除外されるかどうかの判断はなされていないので，注意が必要である。また，CRISPR のリボ核タンパク質（RNP：ribonucleoprotein）では，sgRNA を用いるので生物個体での実験について遺伝子組換えかどうかの判断はなされていない。さらに，ドナーベクターを用いた受精卵や生物個体でのゲノム編集実験については，組換え DNA 実験に該当すると判断されている場合と判断されていない場合がある（10 章 2節を参照）。この他，ゲノム編集ツールを発現するウイルスを用いた実験は，カルタヘナ法で遺伝子組換えウイルスが生物と見なされるので，対象細胞・生物に関わらず，すべて遺伝子組換え実験となる。

> ### コラム 10.1　カルタヘナ法[10-1]
>
> 「生物の多様性に関する条約のバイオセーフティに関するカルタヘナ議定書」（カルタヘナ議定書）は 2000 年に採択され，2003 年に発効された。現在 171 か国がこの議定書を締結している。日本は 2003 年に締結し，この議定書を実施するための「遺伝子組換え生物等の使用等の規制による生物の多様性の確保に関する法律」（カルタヘナ法）を制定した。日本国内の遺伝子組換え実験は，カルタヘナ法に基づいた審査・封じ込め措置により実施されている。

10.2　ゲノム編集生物の取扱い

ゲノム編集によって作製された生物を，導入された変異のタイプによって分類し，その生物が遺伝子組換え生物に該当するかどうかの議論が進められている。外来遺伝子が挿入されていない場合は，遺伝子組換え生物から除外される可能性が高い一方，改変過程に遺伝子組換え実験が含まれる場合でも，最終的に外来遺伝子が挿入されていないことが証明できれば，非遺伝子組換

10章 ゲノム編集生物の取扱いとヒト生殖細胞・受精卵・胚でのゲノム編集

え生物として利用できる可能性がある。

ゲノム編集生物の扱いは，導入された変異によって3つのタイプに分類される（図10.2）。

ZFN-1（SDN-1） は，ゲノム編集ツールによって点変異あるいはindel変異のみが導入された場合を示す。ZFN-1では，ゲノム編集ツールの発現ベクターなどがゲノムへ挿入されていないことが確認できれば，ランダムミュータジェネシスで作製した変異体と同様の扱いとなる可能性がある。ZFN-1は，遺伝子組換え生物にあたらないが，環境への予期せぬ影響を回避するため，現時点ではZFN-1においても機関への申請と届け出が推奨される。

ZFN-2（SDN-2） は，ゲノム編集ツールとドナー［二本鎖DNA（dsDNA

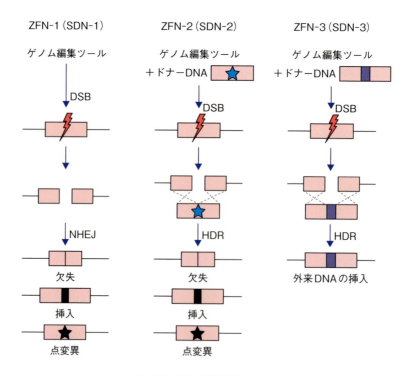

図10.2 ゲノム編集のレベル

: <u>d</u>ouble-<u>s</u>trand DNA）あるいは一本鎖オリゴ DNA（ssODN : <u>s</u>ingle-<u>s</u>tranded <u>o</u>lig<u>o</u>de<u>o</u>xy<u>n</u>ucleotides）］の導入によって，塩基置換や，非常に短い塩基が挿入・欠失した場合を示す。これらの変異は，変異の程度によっては遺伝子組換え実験のナチュラルオカレンス（従来育種で作製可能なものを遺伝子組換えで作出すること）やセルフクローニング（同一種の核酸を導入すること）と同様の扱いになる可能性もあるが，規制の方向性について現在検討されている。

ZFN-3（SDN-3）は，ドナー（dsDNA あるいは ssODN）を利用したゲノム編集によって，大きなサイズの DNA がノックインされた場合を示す。ZFN-3 では，その生物が本来有していない外来 DNA を含む場合は，作製された生物は遺伝子組換え生物となる。

全国大学等遺伝子研究支援施設連絡協議会（以下，大学遺伝子協）からは，「ゲノム編集技術を用いて作成した生物の取り扱いに関する声明・見解・方針」が出されており，ゲノム編集生物の取扱いの考え方と授受についての情報提供の方法などを示している[10-2]。

10.3 遺伝子ドライブ

ゲノム編集を利用した新しい技術として**遺伝子ドライブ**（gene drive）が注目されている。遺伝子ドライブは，生物集団内に目的の変異を急速に拡散することが可能な技術であり，マラリア原虫を媒介する蚊や，特定外来生物種の繁殖を制限する技術として期待されている。一方，遺伝子ドライブでは，特定の生物種を絶滅させることに繋がる可能性や，環境への予期せぬ影響が懸念される。

遺伝子ドライブは，ゲノム編集を用いた相同組換えによって相同遺伝子座へ目的遺伝子をコピーする技術である（図 10.3）。CRISPR-Cas9 の発現ベクターを細胞へ導入すると，標的遺伝子が切断される。このとき，発現ベクター（遺伝子ドライブベクター）にホモロジーアーム（3 章 3 節を参照）を

10章 ゲノム編集生物の取扱いとヒト生殖細胞・受精卵・胚でのゲノム編集

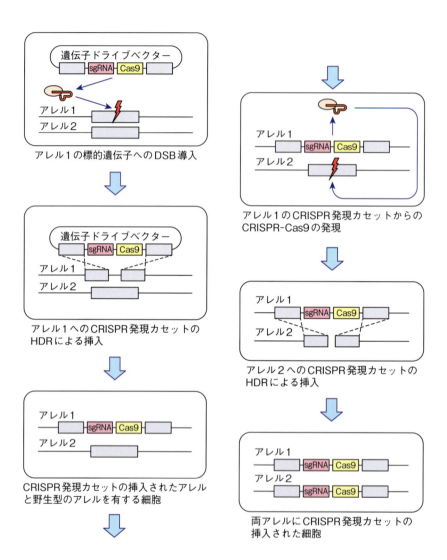

図10.3 遺伝子ドライブの原理

a) メンデル遺伝

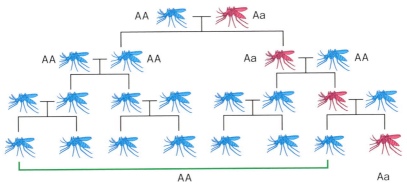

b) 遺伝子ドライブ遺伝

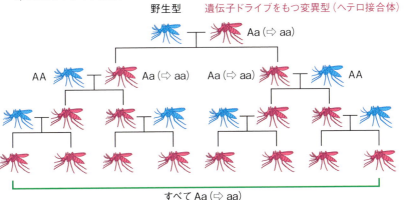

図 10.4　メンデルの法則と遺伝子ドライブによる変異遺伝子型の拡散
青は野生型，赤は遺伝子ドライブ保有生物。
a) メンデル遺伝では，野生型対立遺伝子 (A) をもつホモ接合体の親 (AA) と変異型対立遺伝子 (a) をもつヘテロ接合体の親 (Aa) から子へ 50% の頻度で変異型遺伝子が受け継がれる。
b) 遺伝子ドライブ遺伝では，変異型対立遺伝子 (a) をもつヘテロ接合体 (Aa) において，ホモ接合への転換が起こる (Aa ⇨ aa)。その結果，遺伝子ドライブをもつ変異型が数世代で集団内に拡散する。田中伸和『ゲノム編集入門』(山本 卓 編，裳華房) を改変。大学遺伝子協の「Gene Drive の取り扱いに関する声明」を改変。

10章　ゲノム編集生物の取扱いとヒト生殖細胞・受精卵・胚でのゲノム編集

付加しておくと，sgRNA と Cas9 の発現カセットが標的遺伝子へ挿入される。片方のアレルに発現カセットが挿入されると，挿入アレルから発現するsgRNA と Cas9 によって，野生型のアレルが切断され，挿入アレルを鋳型とした相同組換えが起こり，最終的に両方のアレルに CRISPR の発現カセットが挿入される。生殖細胞で遺伝子ドライブを働かせると，集団内に数世代で標的遺伝子を拡散することが可能なことが実験室レベルでは確認されている (図10.4)[10-3]。現在，マラリア原虫の細胞への侵入を阻害する CS タンパク質や，マラリア原虫のキチナーゼタンパク質の抗体[10-4] を発現する遺伝子を拡散させることによって，マラリアの感染を防ぐハマダラカの作製が進められている。

　遺伝子ドライブでは，CRISPR-Cas9 の発現カセットを挿入することが必要であるため，作製されたゲノム編集生物は ZFN-3 の扱いとなる。大学遺伝子協から遺伝子ドライブの取扱いに関する声明が出されており[10-5]，各機関での取扱いについて注意喚起がなされている。

10.4　ヒト生殖細胞・受精卵・胚でのゲノム編集研究

　ヒトの発生や疾患研究は，モデル動物を用いて行われてきたが，遺伝子の機能がマウスなどの実験動物と異なる場合も多いと予想されている。そのため，ヒト生殖細胞・受精卵・胚でのゲノム編集を利用した基礎研究は，ヒトの受精や発生に関わる遺伝子や疾患に関わる遺伝子の機能が明らかにし，生殖医療技術の開発やゲノム編集の臨床利用に向けた基礎的な研究となる可能性がある。一方，ヒト受精卵や胚を使う研究に関しては，倫理的な問題を含んでおり，基礎研究から応用研究について議論が必要とされる。

　ヒトの受精卵・胚でのゲノム編集に関しては，2015 年に中国中山大学の研究者から報告された三倍体の受精胚（正常に発生しない）を用いたゲノム編集研究が世界で初めての報告となる (表10.1)[10-6]。研究グループは，血液・凝固系疾患の β サラセミアの原因となる β グロビン遺伝子を標的として，CRISPR-Cas9 で標的配列へ効率的に変異を導入する sgRNA を絞り込んだ

148

10.4　ヒト生殖細胞・受精卵・胚でのゲノム編集研究

表 10.1　ヒト受精胚を用いたゲノム編集の基礎研究の流れ

2015年 5月	中国	ヒト三倍体受精胚での CRISPR-Cas9 による β サラセミアの原因変異の修復
2015年12月		ヒト遺伝子編集に関する国際サミットの開催（ワシントン D.C.）
2016年 5月	中国	ヒト三倍体受精胚での CRISPR-Cas9 による HIV 共受容体 CCR5 遺伝子の改変
2017年 6月	中国	ヒト正常受精胚での CRISPR-Cas9 による HBB 遺伝子および G6PD 遺伝子の修復
2017年 8月	米国	ヒト正常受精胚での肥大心筋症の原因変異の修復
2017年10月	英国	ヒト正常受精胚での CRISPR-Cas9 による Oct4 遺伝子の破壊

後，Cas9 mRNA，sgRNA と ssODN を用いた相同配列依存的修復（HDR：homology-directed repair）を介した改変を行った。その結果，目的の改変がヒト受精胚で低頻度に起こる一方，オフターゲット変異の導入と変異モザイクが観察された。

　2 例目となるヒト受精胚のゲノム編集研究は，2016 年，中国の広州医科大学の研究グループから発表された[10-7]。研究グループは，HIV の感染受容体となる CCR5 遺伝子を標的として，スカンジナビア人や北ヨーロッパ集団に見られる HIV 感染抵抗性の変異（CCR5 遺伝子の 32 塩基対欠失）の導入を三倍体のヒト受精胚で試みた。Cas9 mRNA と 1 つの sgRNA とドナー（ssODN や dsDNA）を用いた方法では 5 ～ 7% の効率で，2 つの sgRNA を用いた方法では約 15% の効率で 32 塩基対欠失が導入された。一方，NHEJ での indel 変異が高い効率（47% 以上）で見られることから，目的の欠失変異のみを導入する技術やモザイク現象を抑える技術の開発など，多くの課題のあることが示された。

　このような中国でのヒト受精胚を用いたゲノム編集研究が進む中，米国科学および医学アカデミー，中国科学院と英国王立協会主催の「ヒトの遺伝子編集技術に関する国際サミット」（International Summit on Human Gene Editing）が 2015 年 12 月，ワシントン D.C. で開催された[10-8]。サミットでは，研究者，生命倫理学者に加えて社会学者などが，基礎から応用に関するヒト

ゲノム編集研究の問題について3日間の議論を行った。このサミットでは，①ヒトゲノム編集研究の基礎研究・前臨床試験を推進すべきである（各国の規制や管理の下に実施する），②ゲノム編集の臨床利用（臨床研究と治療）は，体細胞の改変を対象とするが，リスクとベネフィットのあることを理解する必要がある，③ヒト生殖細胞でのゲノム編集の臨床利用は，安全性や社会的合意の問題が解決されていない現時点では無責任である，④ヒト生殖細胞でのゲノム編集の利用について国際的な議論を継続する必要がある，との声明が発表された。詳しくは，サミットのミーティングサマリーとして発表されている[10-5]。

このサミットの声明後，海外ではヒト生殖細胞・胚のゲノム編集の基礎研究目的の研究が中国に加えて英国や米国で進められている。中国では，2017年，三倍体のヒト受精胚の実験をベースにして，二倍体の正常受精胚を使ったゲノム編集研究が報告された[10-9]。CRISPR-Cas9のRNPを用いて，上述のヘモグロビン遺伝子とグルコース-6-リン酸脱水素酵素欠損症の原因遺伝子（G6PD遺伝子）についてssODNを介した疾患変異の一塩基改変を行うと共に，次世代シークエンサー（NGS：next generation sequencer）解析によってオフターゲット変異は確認されないことを示した。中国以外では，欧米でのヒト受精胚を用いた基礎研究が進んでいる。英国フランシス・クリック研究所のナイアカン（Kathy Niakan）らのグループは，ヒト発生に必要な遺伝子の機能を解析する目的で，CRISPR-Cas9を用いて転写因子Oct4の機能解析を行った[10-10]。また，米国オレゴン健康科学大学のミタリポフ（Shoukhrat Mitalipov）らのグループは，心臓疾患（肥大型心筋症）の原因変異を修復するゲノム編集がヒト受精卵で可能なことを報告した[10-11]。

日本国内では，2015年，日本遺伝子細胞治療学会が米国の関連学会と共に共同声明を発表し，その中でヒトのゲノム編集について"当面は人の胚細胞や将来個体になる生殖細胞などを対象とした，遺伝子が改変された受精卵が成育することにつながるゲノム編集技術の応用を禁止すべきである"としている[10-12]。さらに，2016年，日本遺伝子細胞治療学会と国内の関連学会は，「人のゲノム編集に関する関連4学会からの提言」において，ヒト体細胞で

10.4 ヒト生殖細胞・受精卵・胚でのゲノム編集研究

のゲノム編集研究を進める一方，ヒト生殖細胞や胚でのゲノム編集の臨床利用を禁止するべきであると提言している[10-13]。加えて，ヒト生殖細胞・受精卵・胚でのゲノム編集の基礎研究は，指針等を策定し，進めることが必要なことを述べている。日本ゲノム編集学会は，同年，この提言に賛同を表明した。

2017年，日本学術会議の「医学・医療領域におけるゲノム編集技術のあり方検討委員会」は，"ゲノム編集を伴う生殖医療の応用については国の指針等により禁止すべきである"と提言した[10-14]。さらに，ヒト生殖細胞と受精胚でのゲノム編集を含む基礎研究については，臨床利用を目指す研究について控えるべきとしている。

同年12月，内閣府の総合科学技術・イノベーション会議の生命倫理専門調査会の「ヒト胚の取扱いに関する基本的考え方」見直し等に係るタスク・フォースにおいて，ヒト受精胚を対象とした基礎的研究と研究として行われる臨床利用についての検討結果が報告された[10-15]。報告書では，「生殖補助医療研究」を目的とする基礎的研究に対する適切な制度的枠組みを策定する必要があり，そのため速やかに「指針」の策定を行うことが望ましいとの結論に至った。また，ヒト受精胚のヒトの胎内への移植等の研究として行われる臨床利用に係る検討が行われ，"研究として行われる臨床利用として，ゲノム編集技術等を用いたヒト受精胚をヒト又は動物の胎内へ移植することについては，いかなる目的の研究であっても，現時点で容認することはできない"と結論されている。

これらの状況から，日本国内においては，「指針」の策定，基礎研究目的のヒト生殖細胞や受精卵・胚のゲノム編集研究の審査体制の構築などが進むと考えられる。

10

ゲノム編集生物の取扱いとヒト生殖細胞・受精卵・胚でのゲノム編集

151

略 語 表

A ～ C

AAV : adeno-associated virus（アデノ随伴ウイルス）

A-NHEJ : alternative NHEJ

BAC : bacterial artificial chromosome（バクテリア人工染色体）

CAR : chimeric antigen receptor（キメラ抗原受容体）

Cas : CRISPR associated protein

cccDNA : covalently closed circular DNA（完全閉鎖二本鎖DNA）

CCR5 : C-C chemokine receptor type 5

ChIP : chromatin immunoprecipitation（クロマチン免疫沈降）

C-NHEJ : classical NHEJ

CRISPR : clustered regularly interspaced short palindromic repeats（クリスパー）

CRISPRa : CRISPR activation

CRISPRi : CRISPR interference

D ～ G

dCas9 : dead Cas9（不活性型Cas9）

Digenome-seq : digested genome sequencing

DNA : deoxyribonucleic acid（デオキシリボ核酸）

DSB : double-strand break（二本鎖切断）

dsDNA : double-strand DNA（二本鎖DNA）

dsRNA : double-strand RNA（二本鎖RNA）

ENU : *N*-ethyl-*N*-nitrosourea（*N*-エチル-*N*-ニトロソウレア）

ES細胞 : embryonic stem cells（胚性幹細胞）

FISH : fluorescense ISH

GCN4 : general control non-derepressible 4

GeCKO : genome-scale CRISPR-Cas9 knockout

GEEP : genome editing by electroporation of Cas9 protein

GFP : green fluorescent protein（緑色蛍光タンパク質）

GUIDE-seq : genome-wide, unbiased identification of DSBs enabled by sequencing

GWAS : genome wide association study（ゲノムワイド関連解析）

152

H ～ L

HAC : human artificial chromosome（ヒト人工染色体）

HDR : homology-directed repair（相同配列依存的修復）

HITI : homology-independent targeted integration

HMA : heteroduplex mobility assay（ヘテロ二重鎖移動度分析）

HR : homologous recombination（相同組換え）

ILr2g : interleukin-2 receptor subunit gamma

iPS 細胞 : induced pluripotent stem cells（人工多能性幹細胞）

ISH : *in situ* hybridization（*in situ* ハイブリダイゼーション）

KRAB : Krüppel associated box

LINE : long interspersed nuclear element（長鎖散在反復配列）

long ssDNA : long single-strand DNA（長鎖一本鎖 DNA）

M ～ P

MASO : morpholino antisense oligo（モルフォリノアンチセンスオリゴ）

miRNA : microRNA（マイクロ RNA）

MMEJ : microhomology-mediated end-joining（マイクロホモロジー媒介末端結合）

MTA : material transfer agreement（物質移動合意書）

mtDNA : mitochondrial DNA（ミトコンドリア DNA）

MTS : mitochondrial targeting sequence（ミトコンドリアターゲット配列）

NGS : next generation sequencer（次世代シークエンサー）

NHEJ : non-homologous end-joining（非相同末端結合）

NLS : nuclear localization signal（核局在化シグナル）

NPBT : new plant breeding techniques（植物における新育種技術）

ObLiGaRe : obligate ligation-gated recombination

PAM : proto-spacer adjacent motif（プロトスペーサー隣接モチーフ）

PCR : polymerase chain reaction（ポリメラーゼ連鎖反応）

PD-1 : programmed cell death-1

PD-L1 : programmed cell death-1 ligand-1

PGC : primordial germ cell（始原生殖細胞）

PITCh : precise integration into target chromosome

POC : proof of concept（概念実証）

PPR : pentatricopeptide repeat

PRRSV : porcine reproductive and respiratory syndrome virus（PRRS ウイルス）

略 語 表

PtFg TALEN：Platinum-Fungal TALEN

R ～ S

REAL : restriction enzyme and ligation

RISC : RNA-induced silencing complex（RNA 誘導サイレンシング複合体）

RNAi : RNA interference（RNA 干渉）

RNP : ribonucleoprotein（リボ核タンパク質）

RPA : recombinase polymerase amplification（リコンビナーゼポリメラーゼ増幅）

RVD : repeat-variable di-residue

SAM : synergistic activation mediator

scFv：single-chain variable fragment（一本鎖抗体）

SCID : severe combined immunodeficiency（重症複合免疫不全症）

sgRNA : single-guide RNA（一本鎖ガイド RNA）

SHERLOCK : specific high-sensitivity enzymatic reporter unlocking

SINE : short interspersed nuclear element（短鎖散在反復配列）

siRNA : small interfering RNA

SNP : single nucleotide polymorphism（一塩基多型）

SSA : single-strand annealing（一本鎖アニーリング）

ssODN : single-stranded oligodeoxynucleotides（一本鎖オリゴ DNA）

SST-R : single-strand template-repair（一本鎖鋳型修復）

SunTag : supernova tag

T ～ Z

T3SS : type III secretion system（III 型分泌装置）

TALE : transcription activator-like effector（転写活性化因子様エフェクター）

TALEN : transcription activator-like effector nuclease（TALE ヌクレアーゼ）

TET1 : ten-eleven translocation methylcytosine dioxygenase 1

TGV : TALE-mediated genome visualization

TILLING : targeting induced local lesions in genomes

tracrRNA : trans-activating CRISPR RNA（トランス活性化型 CRISPR RNA）

VPR : VP64-p65-Rta

YAC : yeast artificial chromosome（酵母人工染色体）

ZFN : zinc-finger nuclease（ジンクフィンガーヌクレアーゼ）

154

参考書・引用文献

1 章　ゲノム解析の基礎知識
（引用文献）

1-1) Bianconi, E. *et al.* (2013) Ann. Hum. Biol., **40**: 463-471.

1-2) Platt, R.N. *et al.* (2018) Chromosome Res., in press.

1-3) 塩見春彦 (2015) 実験医学増刊 , **33**: 3216-3220.

1-4) McCallum, C.M. *et al.* (2000) Nat. Biotechnol., **18**: 455-457.

1-5) O'Brochta, D.A., Atkinson, P.W. (1996) Insect Biochem. Mol. Biol., **26**: 739-753.

1-6) Ivics, Z. *et al.* (1997) Cell, **91**: 501-510.

1-7) Richardson, S. R. *et al.* (2015) Microbiol. Spectr., **3**: MDNA3-0061-2014.

1-8) Fire, A. *et al.* (1998) Nature, **391**: 809-811.

2 章 ゲノム編集の基本原理：ゲノム編集ツール
（参考書）

山本 卓 編（2016）『ゲノム編集入門』裳華房.

真下知士・山本 卓（編集）（2016）『All About ゲノム編集』実験医学増刊，羊土社.

（引用文献）

2-1) Kim, Y. G. *et al.* (1996) Proc. Natl. Acad. Sci. USA, **93**: 1156-1160.

2-2) Bibikova, M. *et al.* (2002) Genetics, **161**: 1169-1175.

2-3) Boch, J. *et al.* (2009) Science, **326**: 1509-1512.

2-4) Christian, M. *et al.* (2010) Genetics, **186**: 757-761.

2-5) Sakuma, T. *et al.* (2013) Sci. Rep., **3**: 3379.

2-6) Jinek, M. *et al.* (2012) Science, **337**: 816-821.

2-7) Cong, L. *et al.* (2013) Science, **339**: 819-823.

2-8) Mali, P. *et al.* (2013) Science, **339**: 823-826.

2-9) Dujon, B. (1989) Gene, **82**: 91-114.

2-10) Arnould, S. (2011) Protein Eng. Des. Sel., **24**: 27-31.

2-11) Chandrasegaran, S. (2017) Cell Gene Ther. Insights, **3**: 33-41.

2-12) Ochiai, H. *et al.* (2010) Genes Cells, **15**: 875-885.

2-13) Porteus, M. (2010) Cold Spring Harb. Protoc., **2010**: pdb.top93.

2-14) Kay, S., Bonas, U. (2009) Curr. Opin. Microbiol., **12**: 37-43.

2-15) Tian, D. *et al.* (2014) Plant Cell, **26**: 497-515.

2-16) Sanders, J. D. *et al.* (2011) Nat. Biotechnol., **29**: 697-698.

2-17) Cermak, T. *et al.* (2011) Nucleic Acids Res., **39**: e82.

2-18) 石野良純（2016）『ゲノム編集入門』山本 卓 編，裳華房，p. 20-39.

2-19) Wang, H. *et al.* (2013) Cell, **153**: 910-918.

2-20) Shmakov, S. *et al.* (2017) Nat. Rev. Microbiol., **15**: 169-182.

2-21) Liu, L. *et al.* (2017) Cell, **170**: 714-726.

2-22) Zetsche, B. *et al.* (2015) Cell, **163**: 759-771.

2-23) Kleinstiver, B. P. *et al.* (2015) Nature, **523**: 481-485.

参考書・引用文献

2-24) Hu, J. H. *et al.* (2018) Nature, **556**: 57-63.

2-25) Ishino, Y. *et al.* (1987) J. Bacteriol., **169**: 5429-5433.

2-26) Gaj, T. *et al.* (2012) Nat. Methods, **9**: 805-807.

2-27) Sato, K. *et al.* (2016) Cell Stem Cell, **19**: 127-138.

2-28) Yagi, Y, *et al.* (2013) RNA Biol., **10**:1419-1425.

2-29) Nishida, K. *et al.* (2016) Science, **353**: aaf8729.

3 章　DNA 二本鎖切断（DSB）の修復経路を利用した遺伝子の改変

（参考書）

山本 卓 編（2016）『ゲノム編集入門』裳華房.

真下知士・山本 卓（編集）（2016）『All About ゲノム編集』実験医学増刊，羊土社.

（引用文献）

3-1) Ochiai, H. *et al.* (2012) Proc. Natl. Acad. Sci. USA, **109**: 10915-10920.

3-2) 松本義久 (2014) Jpn. J. Med. Phys., **34**: 57-64.

3-3) Nakade, S. *et al.* (2014) Nat. Commun., **5**: 5560.

3-4) Sakuma, T. *et al.* (2016) Nat. Protoc., **11**: 118-133.

3-5) Paquet, D. *et al.* (2016) Nature, **533**: 125-129.

3-6) Miura, H. *et al.* (2018) Nat. Protoc., **13**: 195-215.

3-7) Danner, E. *et al.* (2017) Mamm. Genome, **28**: 262-274.

3-8) Paix, A. *et al.* (2017) Proc. Natl. Acad. USA, **114**: E10745-E10754.

3-9) Maresca, M. *et al.* (2013) Genome Res., **23**: 539-546.

3-10) Suzuki, K. *et al.* (2016) Nature, **540**: 144-149.

3-11) Gammage, P. A. *et al.* (2014) EMBO Mol. Med., **6**: 458-466.

3-12) Bacman, S. R. *et al.* (2013) Nat. Med., **19**: 1111-1113.

4 章　哺乳類培養細胞でのゲノム編集

（参考書）

山本 卓 編（2016）『ゲノム編集入門』裳華房.

真下知士・山本 卓（編集）（2016）『All About ゲノム編集』実験医学増刊，羊土社.

（引用文献）

4-1) Kim, S. *et al.* (2014) Genome Res., **24**: 1012-1019.

4-2) Wang, H. *et al.* (2013) Cell, **53**: 910-918.

4-3) Sakuma, T. *et al.* (2014) Sci. Rep., **4**: 5400.

4-4) 野村 淳・内匠 透（2014）『今すぐ始めるゲノム編集』羊土社，p.73-80.

4-5) Torres, R. *et al.* (2014) Nat. Commun., **5**: 3964.

4-6) Ninagawa, S. *et al.* (2014) J. Cell Biol., **206**: 347-356.

4-7) Nakade, S. *et al.* (2014) Nat. Commun., **5**: 5560.

4-8) Xiong, X. *et al.* (2017) ACS Synth. Biol., **6**: 1034-1042.

4-9) Suzuki, K. *et al.* (2016) Nature, **540**: 144-149.

4-10) Danner, E. *et al.* (2017) Mamm. Genome, **28**: 262-274.

4-11) Miyaoka, Y. *et al.* (2014) Nat. Methods, **11**: 291-293.

4-12) Yusa, K. *et al.* (2011) Nature, **478**: 391-394.

4-13) Ochiai, H. *et al.* (2014) Proc. Natl. Acad. Sci. USA, **111**: 1461-1466.

参考書・引用文献

4-14) Kim, S. I. *et al.* (2018) Nat. Commun., **9**:939.

5章　様々な生物でのゲノム編集

（参考書）

山本 卓 編（2016）『ゲノム編集入門』裳華房.

真下知士・山本 卓（編集）（2016）『All About ゲノム編集』実験医学増刊，羊土社.

（引用文献）

5-1) Li, Y. *et al.* (2016) Nucleic Acids Res., **44**: e34.

5-2) Arazoe, T. *et al.* (2015) Biotechnol. Bioeng., **112**: 1335-1342.

5-3) Arazoe, T. *et al.* (2015) Biotechnol. Bioeng., **112**: 2543-2549.

5-4) Mizutani, O. *et al.* (2017) J. Biosci. Bioeng., **123**: 287-293.

5-5) Dicarlo, J. E. *et al.* (2013) Nucleic Acids Res., **41**: 4336.

5-6) Sugano, S. S. *et al.* (2017) Sci. Rep., **7**: 1260.

5-7) Sizova, I. *et al.* (2013) Plant J., **73**: 873-882.

5-8) Shin, S. E. *et al.* (2016) Sci. Rep., **6**: 27810.

5-9) Daboussi, F. *et al.* (2014) Nat. Commun., **5**: 3831.

5-10) Nymark, M. *et al.* (2016) Sci. Rep., **6**: 24951.

5-11) Ajjawi, I. *et al.* (2017) Nat. Biotechnol., **35**: 647-652.

5-12) Wang, Q. *et al.* (2016) Plant J., **88**: 1071-1081.

5-13) Mashimo, T. *et al.* (2010) PLoS One, **5**: e8870.

5-14) Ochiai, H. *et al.* (2010) Gene. Cell., **15**: 875-885.

5-15) Sakuma, T. *et al.* (2013) Sci. Rep., **3**: 3379.

5-16) Wang, H. *et al.* (2013) Cell, **153**: 910-918.

5-17) Pennisi, E. (2013) Science, **341**: 833-836.

5-18) Aida, T. *et al.* (2015) Genome Biol., **16**: 87.

5-19) Ochiai, H. *et al.* (2012) Proc. Natl. Acad. Sci. USA, **109**: 10915-10920.

5-21) Nakade, S. *et al.* (2014) Nat. Commun., **5**: 5560.

5-22) Hisano, Y. *et al.* (2015) Sci. Rep., **5**: 8841.

5-23) Aida, T. *et al.* (2016) BMC Genomics, **17**: 979.

5-23) Miura, H. *et al.* (2018) Nat. Protoc., **13**: 195-215.

5-24) Armstrong, G. A. *et al.* (2016) PLoS One, **11**: e0150188.

5-25) Nakagawa, Y. *et al.* (2016) Biol. Open., **5**: 1142-1148.

5-26) Yoshimi, K. *et al.* (2016) Nat. Commun., **7**: 10431.

5-27) 筒井大貴・東山哲也（2012）Plant Morphology, **24**: 33-36.

5-28) Lyoyd, A. *et al.* (2005) Proc. Natl. Acad. Sci. USA, **102**: 2232-2237.

5-29) Cermak, T. *et al.* (2011) Nucleic Acids Res., **39**: e82.

5-30) Sawai, S. *et al.* (2014) Plant Cell, **26**: 3763-3774.

5-31) Qi, Y. *et al.* (2013) G3 (Bethesda), **3**: 1707-1715.

5-32) Zhou, H. *et al.* (2014) Nucleic Acids Res., **42**: 10903-10914.

5-33) Woo, J. W. *et al.* (2015) Nat. Biotechnol., **33**: 1162-1164.

5-34) Jia, H., Wang N. (2014) PLoS One, **9**: e93806.

5-35) Cai, C. Q. *et al.* (2009) Plant Mol. Biol., **69**: 699-709.

157

参考書・引用文献

6章　ゲノム編集の発展技術

（参考書）

真下知士・山本 卓（編集）（2016）『All About ゲノム編集』実験医学増刊，羊土社.

（引用文献）

6-1) Garcia-Bloj, B. *et al.* (2016) Oncotarget, **7**: 60535-60554.

6-2) Gilbert, L. A. *et al.* (2014) Cell, **159**: 647-661.

6-3) Sato'o, Y. *et al.* (2018) PLoS One, **13**: e0185987.

6-4) Bernstein, D. L. *et al.* (2015) J. Clin. Invest., **25**: 1998-2006.

6-5) Stepper, P. *et al.* (2017) Nucleic Acids Res. **45**: 1703-1713.

6-6) Maeder, M.L. *et al.* (2013) Nat. Biotechnol., **31**: 1137-1142.

6-7) Choudhury, S. R. *et al.* (2016) Oncotarget, **7**: 46545-46556.

6-8) Hilton, I. B. *et al.* (2015) Nat. Biotechnol., **33**: 510-517.

6-9) Komor, A. C. *et al.* (2016) Nature, **533**: 420-424.

6-10) Nishida, K. *et al.* (2016) Science, **353**: 6305.

6-11) Yang, L. *et al.* (2016) Nat. Commun., **7**: 13330.

6-12) Gaudelli, N. M. *et al.* (2017) Nature, **551**: 464-471.

6-13) Miyanari, Y. *et al.* (2013) Nat. Struct. Mol. Biol., **20**: 1321-1324.

6-14) Chen, B. *et al.* (2013) Cell, **155**: 1479-1491.

6-15) Abudayyeh, O. O. *et al.* (2017) Nature, **550**: 280-284.

6-16) Konermann, S. *et al.* (2015) Nature, **517**: 583-588.

6-17) Tanenbaum, M. E. *et al.* (2014) Cell, **159**: 635-646.

6-18) Morita, S. *et al.* (2016) Nat. Biotechnol., **34**: 1060-1065.

6-19) Ma, H. *et al.* (2016) Nat. Biotechnol., **34**: 528-530.

6-20) Gootenberg, J. S. *et al.* (2017) Science, **356**: 438-442.

6-21) Nihongaki, Y. *et al.* (2015) Chem. Biol., **22**: 169-174.

6-22) Nihongaki, Y. *et al.* (2015) Nat. Biotechnol., **33**: 755-760.

7章　ゲノム編集の農水畜産分野での利用

（参考書）

真下知士・山本 卓（編集）（2016）『All About ゲノム編集』実験医学増刊，羊土社.

（引用文献）

7-1) 安本周平・村中俊哉 (2016) 実験医学 , **34**: 3410-3415.

7-2) 木下政人・岸本謙太 (2016) 実験医学 , **34**: 3416-3422.

7-3) Zhong, Z. *et al.* (2016) Sci. Rep., **6**: 22953.

7-4) Jiang, D. N. *et al.* (2016) Mol. Reprod. Dev., **83**: 497-508.

7-5) Edvardsen, R. B. *et al.* (2014) PLoS One, **9**: e108622.

7-6) Rao, S. *et al.* (2016) Mol. Reprod. Dev., **83**: 61-70.

7-7) Tanihara, F. *et al.* (2016) Sci. Adv., **2**: e1600803.

7-8) Burkard, C. *et al.* (2017) PLoS Pathog., **13**: e1006206.

7-9) 江崎 僚・堀内浩幸 (2016) 実験医学 , **34**: 3423-3426.

7-10) Park, T. S. *et al.* (2014) Proc. Natl. Acad. Sci. USA, **111**: 12716-12721.

7-11) Oishi, I. *et al.* (2016) Sci. Rep., **6**: 23980.

参考書・引用文献

8 章　ゲノム編集の医学分野での利用
（参考書）
山本 卓 編（2016）『ゲノム編集入門』裳華房.
（引用文献）
8-1) 宮本達雄（2016）『ゲノム編集入門』山本 卓 編，裳華房，p.184-203.
8-2) Ichiyanagi, N. *et al.* (2016) Stem Cell Reports, **6**: 496-510.
8-3) Li, H. L. *et al.* (2015) Stem Cell Reports., **4**: 143-154.
8-4) Machado, R. G., Eames, B. F. (2017) J. Dent. Res., **96**: 1192-1199.
8-5) Schenk, H. *et al.* (2017) Cell Tissue Res., **369**: 127-141.
8-6) Nakayama, T. *et al.* (2015) Dev. Biol., **408**: 328-344.
8-7) Tandon, P. *et al.* (2017) Dev. Biol., **426**: 325-335.
8-8) Birling, M. C. *et al.* (2017) Mamm. Genome, **28**: 291-301.
8-9) Yoshimi, K., Mashimo, T. (2018) J. Hum. Genet., **63**: 115-123.
8-10) Huang, L. *et al.* (2017) Oncotarget, **8**: 37751-37760.
8-11) 渡邊將人・長嶋比呂志（2016）実験医学，**34**: 3427-3431.
8-12) Chen, Y. *et al.* (2016) J. Intern. Med., **280**: 246-251.
8-13) Sato, K. *et al.* (2016) Cell Stem Cell, **19**: 127-138.
8-14) Mashimo, T. *et al.* (2010) PLoS One, **5**: e8870.
8-15) Takahashi, K., Yamanaka, S. (2016) Cell, **126**: 663-676.
8-16) Xue, W. *et al.* (2014) Nature, **514**: 380-384.
8-17) Maddalo, D. *et al.* (2014) Nature, **516**: 423-427.
8-18) Platt, R. J. *et al.* (2014) Cell, **159**: 440-455.
8-19) Chiou, S. H. *et al.* (2015) Genes Dev., **29**: 1576-1585.
8-20) Shalem, O. *et al.* (2014) Science, **343**: 84-87.
8-21) Chen, S. *et al.* (2015) Cell, **160**: 1246-1260.
8-22) 宮坂佳樹・真下知士（2016）『ゲノム編集入門』山本 卓 編，裳華房，p.136-159.
8-23) Maeder, M. L., Gersbach, C. A. (2016) Mol. Ther., **24**: 430-446.
8-24) Yin, H. *et al.* (2014) Nat. Biotechnol., **32**: 551-553.
8-25) Reardon, S. (2015) Nature, **527**: 146-147.
8-26) Ebina, H. *et al.* (2016) Curr. HIV Res., **14**: 2-8.
8-27) Sakuma, T. *et al.* (2016) Genes Cells, **21**: 1253-1262.

9 章　ゲノム編集のオフターゲット作用とモザイク現象
（参考書）
真下知士・山本 卓（編集）（2016）『All About ゲノム編集』実験医学増刊，羊土社.
（引用文献）
9-1) Fu, Y. *et al.* (2013) Nat. Biotechnol., **31**: 822-826.
9-2) Tsai, S. Q., Joung, K. (2014) Cell Stem Cell, **15**: 3-4.
9-3) Tsai, S. Q. *et al.* (2015) Nat. Biotechnol., **33**: 187-197.
9-4) Kim, D. *et al.* (2015) Nat. Methods, **12**: 237-243.
9-5) 鈴木啓一郎（2016）実験医学，**34**: 3328-3334.
9-6) Naito, Y. *et al.* (2015) Bioinformatics, **31**: 1120-1123.
9-7) CRISPR design tool (http://crispr.mit.edu/)

参考書・引用文献

9-8) Bae, S. *et al.* (2014) Bioinformatics, **30**: 1473-1475.

9-9) Cradick, T. J. *et al.* (2014) Mol. Ther. Nucleic Acids., **3**: e214.

9-10) Lin, Y. *et al.* (2014) Nucleic Acids Res., **42**: 7473-7485.

9-11) Kleinstiver, B. P. *et al.* (2016) Nature, **529**: 490-495.

9-12) Slaymaker, I. M. *et al.* (2016) Science, **351**: 84-88.

9-13) Chen, J. S. *et al.* (2017) Nature, **550**: 407-410.

9-14) Fu, Y. *et al.* (2014) Methods Enzymol., **546**: 21-45.

9-15) Chow, S. W. *et al.* (2014) Genome Res., **24**: 132-141.

9-16) Ran, F. A. *et al.* (2013) Cell, **154**: 1380-1389.

9-17) Guilinger, J. P. *et al.* (2014) Nat. Biotechnol., **32**: 577-582.

9-18) Sato, K. *et al.* (2016) Cell Stem Cell, **19**: 127-138.

10章　ゲノム編集生物の取扱いとヒト生殖細胞・受精卵・胚でのゲノム編集について
（参考書）

山本 卓 編（2016）『ゲノム編集入門』裳華房.

（引用文献）

10-1) http://www.maff.go.jp/j/syouan/nouan/carta/about/

10-2) http://www.idenshikyo.jp/genome-editing/genome-editing_1.html

10-3) Gantz, V. M., Bier, E. (2015) Science, **348**: 442-444.

10-4) Gantz, V. M. *et al.* (2015) Proc. Natl. Acad. Sci. USA, **112**: E6736-E6743.

10-5) http://www.idenshikyo.jp/genome-editing/genome-editing_2.html

10-6) Liang, P. *et al.* (2015) Protein Cell, 6: **363**-372.

10-7) Kang, X. *et al.* (2016) J. Assist. Reprod. Genet., **33**: 581-588.

10-8) http://nationalacademies.org/gene-editing/Gene-Edit-Summit/

10-9) Tang, L. *et al.* (2017) Mol. Genet. Genomics, **292**: 525-533.

10-10) Fogarty, N. M. E. *et al.* (2017) Nature, **550**: 67-73.

10-11) Ma, H. *et al.* (2017) Nature, **548**: 413-419.

10-12) http://www.jsgt.jp/INFORMATION/notice_g_edit.htm

10-13) http://www.jsgt.jp/INFORMATION/statement.htm

10-14) http://www.scj.go.jp/ja/member/iinkai/genome/genome.html

10-15) http://www8.cao.go.jp/cstp/tyousakai/life/tf/tfmain.htm

索 引

記号

Ⅱ型制限酵素 16
Ⅲ型分泌装置 22

数字

2-Hit-2-Oligo（2H2OP）法 80

A

Addgene 32
alternative NHEJ 35
A-NHEJ 35

B

BAC 80

C

C2c2 29
C2H2型ジンクフィンガー 18
CAR 126
CAR-T細胞 127
Cas9 25
Cas9ニッカーゼ 136
Cas9ヌクレアーゼ 25
Cas12a 30
Cas13a 29
CasOFFinder 135
cccDNA 128
CCR5共同受容体 127
CD4受容体 127
ChIP 49
C-NHEJ 35
CNV 55
Cpf1 30

CpGアイランド 92
CRISPRa 89
CRISPRainbowシステム 99
CRISPR-Cas9 14, 25
CRISPRdb 30
CRISPR design tool 135
CRISPRdirect 31, 135
CRISPRi 90
CRISPRライブラリー 120

D

dCas9 89
dCas13a 98
Digenome-seq法 134
DNA可視化技術 88
DNA型トランスポゾン 9
DNA二本鎖切断 8, 35
DNA二本鎖切断修復 12
DNAリガーゼⅠ 38
DNAリガーゼⅢ 38
DNAリガーゼⅣ 36
double-strand RNA 10
DSB 8, 12, 35
dsRNA 10
DT40細胞 50

E

ENU 6
ES細胞 8, 71, 113
*Ets*遺伝子 77
*ex vivo*治療 123

F

Fab断片 100
FDA 133

FISH 97
FokI - dCas9法 136
FokI切断ドメイン 19

G

GeCKOライブラリー 121
geneimprint 92
GFP 21
Golden Gate法 24
GUIDE-seq法 133
GWAS 113

H

HAC 80, 122
HAT 94
HBV 128
HDAC 94
HDR 35, 59
HITI法 47
HMA 132
HMTase 95
HNHドメイン 27
HR 8, 12, 35
HR修復 38

I

indel変異 38, 50
*in situ*ハイブリダイゼーション 97
*in vivo*治療 44, 123
iPS細胞 113

K

KRAB 90

索 引

L

LigI 38
LigⅢ 38
LigⅣ 36
LINE 4
long ssDNA 77

M

MASO 11
meganuclease 17
Microhomology-Predictor 41
microRNA 10
miRNA 4, 10
miRNA遺伝子 11
MMEJ 36
MTA 33
mtDNA 49
MTS 49

N

nCas9 95, 136
NGS 4, 49
NHEJ 35
NLS 19, 23
non-RVD 23
NPBT 86
nuclear localization signal 19

O

ObLiGaRe法 47

P

PAM 26
PCR 100
PCR法 61
PD-1 126
PD-L1 126
PGC 76, 110

piggyBac 9
PITCh法 45, 58, 77
Platinum-Fungal TALEN システム 67
Platinum TALEN 14, 74
POC 77
PPR 34
pre-crRNA 25
PRRSV 110
PRRSウイルス 110
PtFg TALENシステム 67
P因子 9

R

Rad51タンパク質 38
REAL法 24
*Rhizobium*属細菌 86
RISC 10
RNAi 10, 70
RNA-seq 4
RNA干渉 10, 70
RNAシークエンシング 4
RNA誘導型ヌクレアーゼ 12, 25
RNA誘導サイレンシング複合体 10
RNP 51
RPA 102
RuvCドメイン 26

S

SAMシステム 98
scFv 99
SCID 118
SDSA 47
sgRNA 27
SHERLOCK 102
SINE 4
single-guide RNA 27
SIP 87, 106
siRNA 10

Sleeping Beauty 9
small interfering RNA 10
SNP 96, 113
SSA 21, 35
ssODN 47
SST-R 47
SunTagシステム 99

T

T3SS 22
TALE 13, 21
TALEN 13, 21
TALEヌクレアーゼ 13, 21
TALEリピート 22
Target-AID 95
TCR 126
T-DNA 86
TET1 92
TET1CD 92
TGV 97
TILLING 105
TILLING法 7, 8
Tol2 9
tracrRNA 25
T細胞受容体 126

V

VP64 89
VPR 89
VQR変異体 30
VRER変異体 30

Y

YAC 80

Z

ZFN 13
ZFN-1(SDN-1) 144
ZFN-2(SDN-2) 144
ZFN-3(SDN-3) 145

162

索引

あ

アグロインフィルトレーション法 82
アグロバクテリウム 86
アグロバクテリウム法 81
アデノウイルスベクター 53
アデノ随伴ウイルス
　（AAV）ベクター 53,
　122
アメリカ食品医薬品局
　133
アレル 52
アンチセンスRNA 11
アンチセンスオリゴヌクレ
　オチド 70

い

一塩基多型 96,113
一本鎖アニーリング 35
一本鎖アニーリングアッセ
　イ 21
一本鎖鋳型修復 47
一本鎖オリゴDNA 47
一本鎖ガイドRNA 27
一本鎖抗体 99
遺伝子 2
遺伝子改変 31
遺伝子組換え 140
遺伝子組換え体 81
遺伝子ターゲティング法
　8
遺伝子ドライブ 145
遺伝子ノックアウト 39
遺伝子ノックイン 13,44
遺伝子ノックダウン法 10
遺伝情報 1
インテグラーゼ 12
インデル変異 38,50
イントロン 2

う

ウイルスベクター 52
ウイルス粒子 52

え

エキソン 2
エピゲノム修飾因子 88
エピゲノム編集 87,91
エピジェネティクス 91
エピジェネティクス制御化
　合物 121
エレクトロポレーション法
　52

お

オープンイノベーション
　33
オプジーボ 126
オフターゲット作用 130
オボアルブミン遺伝子
　111

か

ガイドRNA 25
概念実証 77
回文配列 16
核局在化シグナル 19,23
核酸の検出技術 88
獲得過程 25
獲得免疫機構 12,14,25
過敏感反応 22
カルタヘナ法 140
幹細胞 50
がん細胞 50
完全閉鎖二本鎖DNA 128
がん抑制遺伝子 92

き

キサントモナス 21
キメラ抗原受容体 126

く

逆位 42
逆遺伝学的手法 6
逆転写 9

く

クラス1 29
クラス2 29
クリスパー・キャス9 25
クローニングフリーゲノム
　編集 76
クロマチン構造 134
クロマチン免疫沈降解析
　49

け

蛍光遺伝子 21
経済形質遺伝子 108
血液凝固第IX因子遺伝子
　125
欠失や挿入 6
血友病 125
ゲノム 1
ゲノム医療 5
ゲノムインプリンティング
　91,92
ゲノム手術 125
ゲノム編集コンソーシアム
　14
ゲノム編集治療 112
ゲノム編集ツール 12
ゲノムワイド関連解析
　113
原因遺伝子 6
原生生物 70
顕微注入 52

こ

合成依存的アニーリング
　47
酵素補充法 122
抗体 100

163

索 引

酵母人工染色体 80
コード領域 2
コピー数多型 55
コンディショナルノックア
　ウトマウス 118
コンテクスト依存性 20

さ

産業微生物 65

し

始原生殖細胞 76, 110
指針 151
シスジェネシス 87
次世代シークエンサー 4,
　49
自然免疫 100
疾患モデル細胞 44
姉妹染色分体 36
重症複合免疫不全症モデル
　118
受精卵 1
順遺伝学的手法 6
小分子RNA遺伝子 28
初代培養細胞 50, 113
（植物の）新育種技術 86
ジンクフィンガーヌクレ
　アーゼ 13
ジンクフィンガーの連結体
　（アレイ）18
人工DNA切断酵素 12
人工制限酵素 12
人工デアミナーゼ 95, 96
人工転写活性化因子 89
人工転写抑制因子 90
人工ヌクレアーゼ 12
人工ヒストン修飾酵素 95

す

スプライシング 3

せ

制限酵素 16
成熟mRNA 3
生殖補助医療研究 151
正の選択 56
生命情報学 1, 5
切断過程 26
前駆CRISPR RNA 25
全ゲノムシークエンス
　133
染色体 2
セントロメア 80
戦略的イノベーション創造
　プログラム 87, 106

そ

相同組換え 8, 12
相同組換え修復 35
相同配列依存的修復 35,
　36
挿入・欠失 50

た

ターレン 21
体細胞核移植技術 108
大腸菌 2
対立遺伝子 52
多因子遺伝疾患 113
多重遺伝子ノックアウト
　54
脱アミノ化酵素 95
ダブルニッキング 136
単一遺伝子疾患 113
短鎖散在反復配列 4
短鎖の二本鎖RNA 10

ち

長鎖一本鎖DNA 77
長鎖散在反復配列 4
重複 42

て

デアミナーゼ 95
デアミナーゼ技術 34
デオキシリボ核酸 1
デジタルPCR 61
テロメア 80
転移因子 8, 9
転移酵素 9
電気穿孔法 52
電気パルス 52
転座 42
転写活性化因子様エフェク
　ター 13, 21
転写調節因子 88, 89
点変異ゲノム編集技術 95

と

特異的抗体 49
突然変異育種 104
トランスジェニック技術
　70
トランスジェニック植物
　85
トランスフェクション 50,
　61
トランスフェクション効率
　52
トランスポザーゼ 9
トランスポゾン 8, 9, 12
トランスレーショナル
　リサーチ 115
トリパノソーマ 70

な

ナノ粒子 123

に

二重らせん構造 1
ニッカーゼ 95
日本ゲノム編集学会 15

164

索引

ね

ネガティブセレクション 64

は

パーティクルガン法 82
バイオインフォマティクス 5
胚性幹細胞 71
ハイドロダイナミック注入法 118
バクテリア人工染色体 80
バクテリオファージ 16
発光遺伝子 21
パリンドローム 16

ひ

非RVD 23
比較ゲノミクス 5
光制御技術 102
非コード領域 2
微細藻類 68
ヒストンアセチル基転移酵素 94
ヒストン脱アセチル化酵素 94
ヒストンテール 94
ヒストンメチル基転移酵素 95
非相同末端結合修復 35
ヒトB型肝炎ウイルス 128
ヒト化動物 121
ヒトゲノム解読 3
ヒトゲノム計画 4
ヒト人工染色体 80, 122

ふ

不死化細胞 50
物質移動合意書 33
負の選択 64

プラチナTALEN 14, 74
フレームシフト 41
フローサイトメーター 56
プロトスペーサー隣接モチーフ 26
プロトプラスト/PEG法 84
分子イメージング技術 121
文脈依存性 20

へ

米国農務省 106
ヘテロ二重鎖移動度分析 132
変異原化学物質 6

ほ

飽和変異導入 8
ホーミングエンドヌクレアーゼ 17
ポジティブセレクション 56
ホスホジエステル結合 15
ホモロジーアーム 55
ポリエチレングリコール（PEG） 84
ポリメラーゼ連鎖反応 100

ま

マイクロRNA 4, 10
マイクロアレイ 3
マイクロインジェクション 52
マイクロサテライト配列 97
マイクロチップ 4
マイクロホモロジー媒介末端結合修復 36
マラリア原虫 70

み

ミオスタチン遺伝子 107
短い挿入・欠失変異 38
ミトコンドリアDNA 49
ミトコンドリアターゲット配列 49

む

ムコ多糖症 125

め

メガヌクレアーゼ 17
免疫グロブリン 100
メンデル遺伝病 113

も

モザイク現象 138
モジュラーアセンブリー法 21
モデル微生物 65
モルフォリノアンチセンスオリゴ 11

や

薬剤選択カセット 64
薬剤耐性遺伝子 8
薬効 121

ゆ

有用品種 44

ら

ランダムインテグレーション 58
ランダム変異導入 7
ランダムミュータジェネシス 7

り

リアルタイムPCR 62

165

索 引

リコンビナーゼポリメラー
　　ゼ増幅反応　102
リボ核タンパク質　51
リボソーム　3
リボソーム　123
リポフェクション法　52
緑色蛍光タンパク質遺伝子

21

れ

レトロウイルスベクター
　　122
レトロトランスポゾン　9
レポーター遺伝子　21

レンチウイルスベクター
　　53

わ

ワンハイブリッド法　21

166

著者略歴

山本　卓（やま もと たかし）

1989 年　広島大学理学部 卒業
1992 年　同大学大学院理学研究科博士課程中退．博士（理学）．
1992 年　熊本大学理学部 助手
2002 年　広島大学大学院理学研究科 講師
2003 年　広島大学大学院理学研究科 助教授
2004 年より　広島大学大学院理学研究科 教授
2016 年より　日本ゲノム編集学会 会長
2017 年より　広島大学 次世代自動車技術共同研究講座 併任教授

主な著書
『ゲノム編集入門』（編，裳華房），『ゲノム編集成功の秘訣 Q&A』（編集，羊土社），『今すぐ始めるゲノム編集』（編，羊土社）ほか．

ゲノム編集の基本原理と応用 ― ZFN, TALEN, CRISPR-Cas9 ―

2018 年 6 月 1 日　第 1 版 1 刷発行

著作者		山 本　卓
発行者		吉 野 和 浩
発行所		東京都千代田区四番町 8-1 電話　03-3262-9166（代） 郵便番号 102-0081 株式会社　裳　華　房
印刷所		株式会社　真　興　社
製本所		株式会社　松　岳　社

検印省略

定価はカバーに表示してあります．

社団法人
自然科学書協会会員

JCOPY 〈(社)出版者著作権管理機構 委託出版物〉
本書の無断複写は著作権法上での例外を除き禁じられています．複写される場合は，そのつど事前に，(社)出版者著作権管理機構（電話03-3513-6969，FAX 03-3513-6979，e-mail: info@jcopy.or.jp）の許諾を得てください．

ISBN 978-4-7853-5869-3

© 山本　卓, 2018　Printed in Japan

第一線で活躍する研究者の方々による本格的な入門書

ゲノム編集入門 —ZFN・TALEN・CRISPR-Cas9—

広島大学教授・日本ゲノム編集学会会長　山本　卓 編　Ａ５判／240頁／定価（本体3300円＋税）

人工DNA切断酵素の作製が煩雑で難しかったため限られた研究での利用にとどまっていたゲノム編集は，新しい編集ツールであるCRISPR-Cas9の出現によって，誰もが簡便に効率よく広範囲に利用できるものへと大きく変わった．有用物質を作る微生物の作製，植物や動物の品種改良や創薬に必要な疾患モデルの細胞や動物の作製，がんを含む病気の治療への利用など，ゲノム編集は，基礎研究の分野のみならず，産業や医療での分野においても世界中で研究が進められている．

本書は，「さまざまな生物でゲノム編集技術を使うメリットがどこにあるのかを知りたい」「産業や医療におけるこの技術の有用性を知りたい」と考える人を対象にしたゲノム編集の本格的な入門書である．最前線の研究者により，さまざまな動植物におけるゲノム編集の技術を紹介し，その可能性についてわかりやすく解説する．

【主要目次】
1. ゲノム編集の基本原理　2. CRISPR の発見から実用化までの歴史　3. 微生物でのゲノム編集の利用と拡大技術　4. 昆虫でのゲノム編集の利用　5. 海産無脊椎動物でのゲノム編集の利用　6. 小型魚類におけるゲノム編集の利用　7. 両生類でのゲノム編集の利用　8. 哺乳類でのゲノム編集の利用　9. 植物でのゲノム編集の利用　10. 医学分野でのゲノム編集の利用　11. ゲノム編集研究を行う上で注意すること

新・生命科学シリーズ　　既刊13巻，各２色刷

エピジェネティクス

大山　隆・東中川　徹 共著　Ａ５判／248頁／定価（本体2700円＋税）

エピジェネティクスとは，「DNAの塩基配列の変化に依らず，染色体の変化から生じる安定的に継承される形質や，そのような形質の発現制御機構を研究する学問分野」のことである．本書の前半ではその概念やエピジェネティックな現象の背景にある基本的なメカニズムを解説し，後半ではエピジェネティクスに関係する具体的な生命現象や疾病との関係などをわかりやすく紹介した．

遺伝子操作の基本原理

赤坂甲治・大山義彦 共著　Ａ５判／244頁／定価（本体2600円＋税）

遺伝子操作の黎明期から現在に至るまで，自ら技術を開拓し，研究を発展させてきた著者たちの実体験をもとに，遺伝子操作技術の基本原理をその初歩から丁寧に解説した．

【主要目次】
第Ⅰ部 cDNAクローニングの原理　1. mRNAの分離と精製　2. cDNAの合成　3. cDNAライブラリーの作製　4. バクテリオファージのクローン化　第Ⅱ部 基本的な実験操作の原理　5. プラスミドベクターへのサブクローニング　6. 電気泳動　7. PCR　8. ハイブリダイゼーション　9. 制限酵素と宿主大腸菌　第Ⅲ部 応用的な実験操作の原理　10. PCRの応用　11. cDNAを用いたタンパク質合成　12. ゲノムの解析　13. 遺伝子発現の解析

裳華房ホームページ　**https://www.shokabo.co.jp/**